키워드로
읽는
물리

키워드로 읽는 물리 힘, 전자기 편

1판 1쇄 펴냄 2006년 8월 7일
1판 1쇄 찍음 2006년 8월 10일

펴낸곳 궁리출판

지은이 이동준
펴낸이 이갑수
편집주간 김현숙
편집 이미경, 김남희
영업 백국현, 도진호
관리 김유미

등록 1999. 3. 29. 제300-2004-162호
주소 110-043 서울특별시 종로구 통인동 31-4 우남빌딩 2층
전화 02-734-6591~3
팩스 02-734-6554
E-mail kungree@chol.com
홈페이지 www.kungree.com

ⓒ 이동준, 2006. Printed in Seoul, Korea.

ISBN 89-5820-069-3   03400

값 9,800원

키워드로 읽는 물리

힘, 전자기 편

이동준 지음

궁리
KungRee

저자의 말

'나무를 보지 말고 숲을 보라'는 말이 있다. 세세한 것에 신경 쓰지 말고, 큰 틀에서 전체적인 윤곽을 잡으면 전혀 다른 세계가 보인다는 뜻이다.

예를 들어보자. 교육과정을 살펴보면 별별 힘의 종류가 튀어나온다. 탄성력, 마찰력, 장력, 응집력, 전기력, 자기력……

하지만 이런 다양한 힘들은 그저 '전자기력'이 그 모습을 바꾼 것일 뿐이다. 사람이 관찰할 수 있고, 지구가 잡아당긴 게 원인이 아니라면, 그 힘은 모두 '전자기력'이다.

200년 전 근대사회를 거쳐간 위대한 과학자들의 공통점이 있다면, 바로 '단순과 통합'이다. 우리 주변의 혼돈을 논리적으로 단순화시켜주고, 여러 개념을 한데 통합한……. 1,500년 동안 밝혀낸 과학개념들을 중·고등학교 때 한꺼번에 배울 수 있는 것도 이 때문이다.

아무쪼록 이 책이 여러분의 궁금증을 풀어주고, 과학개념 통합의 실마리가 되기를 빌며…….

2006년 8월

이동준

차례

저자의 말 | 5 |

01 ·· m를 km로 단위 바꾸기 | 8 |
02 ·· 힘의 종류 | 12 |
03 ·· 중력 | 17 |
04 ·· 전자기력 | 24 |
05 ·· 핵력 강한상호작용 | 29 |
06 ·· 약력 약한상호작용 | 32 |
07 ·· 마찰력 | 35 |
08 ·· 무게 물체가 내리누르는 힘 | 41 |
09 ·· 탄성력 | 47 |
10 ·· 장력과 압축력 | 51 |
11 ·· 힘의 평형 | 54 |
12 ·· 마찰전기 | 58 |
13 ·· 도체와 절연체 | 62 |

14	정전기 유도	66
15	유전 분극	70
16	전류	73
17	전압	78
18	저항	82
19	옴의 법칙	87
20	전기회로와 전력	91
21	직렬회로	95
22	자석과 전자석	99
23	전류와 자기장	103
24	발전	108
25	운동과 열	113
26	기체 분자의 속력 분포	116
27	원자의 발견	120

m를 km로 단위 바꾸기

01

Physics

 물리 문제를 쉽게 푸는 데 단위 변환은 반드시 필요하다. 물리가 짜증나고 답답한 과목이라는 선입견이 생긴 이유는, 용어와 단위가 그다지 익숙하지 않기 때문이다. 하지만, 조금만 더 생각하면 실마리가 보이고, 한 가지 원리만 머릿속에 잘 심어놓으면 무한대로 적용할 수 있는, 아주 '경제적인' 학습을 할 수 있는 것도 물리 과목이다.
 그러면, 우리의 첫 번째 과제인 단위 바꾸기를 시도해보자.
 어떤 단위든지 마음대로 바꿔주는 블랙박스가 있다면 얼마나 좋을까?

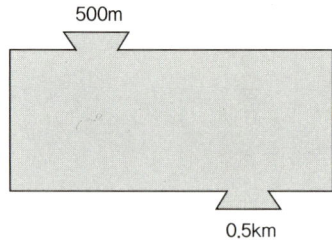

블랙박스 안에 숫자 '1'에 해당하는 식이 들어 있다면 믿을 수 있을까? 다음 공식을 살펴보자.

$$1\text{km} = 1000\text{m}$$

1km가 1000m와 같음을 나타낸 것이다. 수학적으로 볼 때, 등호는 왼쪽과 오른쪽이 서로 같음을 표시한다. 따라서 이렇게 써도 된다.

$$\frac{1\text{km}}{1000\text{m}} = 1$$

오락실의 동전교환기. 우리는 단위 변환기를 일상적으로 사용하고 있다.

분수 $\dfrac{1km}{1000m}$ 는 분모와 분자가 의미하는 값이 서로 같으므로, 숫자 1과 같이 사용할 수 있다. 더욱이, 숫자 1은 어디에 몇 번씩 곱해도 원래의 의미는 변함이 없다.

위의 식에 숫자 1 대신, 분수인 $\dfrac{1km}{1000m}$ 를 곱하면,

$$500m \times \dfrac{1km}{1000m} = 0.5km$$

즉, 블랙박스 안에는 숫자 '1'에 해당하는 값이 들어 있다. 이렇게 하면 원래의 값을 변화시키지 않으면서 단위만 바꿀 수 있다.

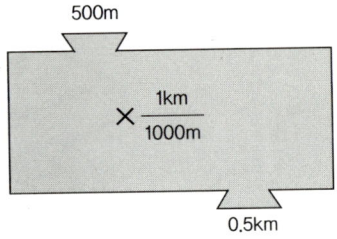

숫자뿐만 아니라, 숫자 뒤에 따라오는 단위도 같이 약분되어 원래의 m 단위가 km 단위로 변환되었다.

$$500\cancel{m} \times \dfrac{1km}{1000\cancel{m}} = 0.5km$$

생각 넓히기

물체의 빠르기는 단위 시간에 이동한 값으로 나타낸다.

$$속력 = \frac{이동거리}{걸린\ 시간}$$

즉, 2초(s) 동안 10m를 이동하였다면 속력은,

$$\frac{10m}{2초} = 5m/s$$

이다. 이때 속력의 단위는 m/s인데, 이 단위를 외우는 사람이 꽤 많이 있다. 그러나 이 단위는 외울 필요가 전혀 없이 그냥 같이 계산하면 간단히 해결된다.

$$\frac{10}{2} = 5 \quad (숫자\ 따로)$$

$$\frac{m}{s} = m/s \quad (단위\ 따로)$$

힘의 종류 02

힘의 종류에는 어떤 것들이 있을까? 자동차를 움직이게 만드는 힘과 내가 무거운 물건을 드는 힘은 서로 같은 원리일까? 자장면을 주문하면, 그릇 위에 비닐랩이 달라붙은 것을 볼 수 있다. 이 랩이 그릇에 달라붙는 힘과 지하철이 움직이는 힘이 같은 종류라면 믿을 수 있을까?

현재까지 알려진 바에 의하면, 전 우주적으로 발견된 힘은 모두 네 종류뿐이다. 그 네 가지 힘은 중력, 전자기력, 강한상호작용, 약한상호작용이다. 그 외에 탄성력이나 원심력 등은 기본 힘의 범주에 들어가거나 실제로 존재하지 않는 힘들이다.

| 우주를 지배하는 네 가지 힘 |

1. 중력
2. 전자기력
3. 강한상호작용(핵력)
4. 약한상호작용

단순비교만 한다면 가장 큰 힘은 강한상호작용(핵력)이다. 핵력이 얼마나 큰지는 원자폭탄이나 원자력발전소에서 나오는 어마어마한 에너지로 미루어 짐작할 수 있다. 하지만, 핵력은 넓은 범위에 두루두루 작용할 수 없다. 핵력은 원자핵 크기의 반경에서만 힘을 발휘한다. 우리가 일상에서 핵력을 느낄 수 없는 것도 이 때문이다. 네 가지 힘에 대해 좀더 자세히 살펴보자.

1 • 중력

중력은 질량이 있는 물체끼리 서로 잡아당기는 힘이다. 다른 힘에 비해 그 크기는 매우 작지만, 오직 인력(잡아당기는 힘)만 존재하기 때문에 우주적으로 보았을 때 가장 크게 나타나는 힘이 되었다.

2 • 전자기력

전자기력은 전기력과 자기력이 합쳐진 것이다. 18세기 과학자들은 전기력과 자기력이 전혀 관계가 없는 것인줄 알았다. 그러다가 외르스테드, 플레밍 등 여러 과학자들이 연관관계가 있음을 밝혔고, 맥스웰이 두 힘을 합치는 데 성공하여 지금은 하나의 힘으로 설명할 수 있게 되었다. 이렇게 힘을 합치는 것은 과학자들에게 굉장한 관심거리인데, 말년의 아인슈타인은 네 가지 기본 힘을 합치려는 야심찬 계획을 세웠으나 끝내 이루지 못하였다.

"포스(Force)가 그대와 함께하기를……"

3 • 강한상호작용

원자핵을 이루는 양성자들과 중성자들이 서로 꼭 붙어 있게 만드는 힘이다. 아주 좁은 공간에서만 나타나는 경향이 있어서 원자핵의 크기를 벗어나는 곳에서는 아주 미미할 정도로 힘이 줄어든다.

4 • 약한상호작용

원자핵의 β붕괴, 전자포획 등과 관련이 있는 힘이다. 아직 많은 부분이 속시원히 밝혀지지 않은 힘이기도 하다.

참, 힘을 영어로 뭐라고 할까? 많은 사람들은 '파워(power)' 라

고 알고 있지만, '파워'는 단위시간당 소비한 에너지, 즉 '일률'을 뜻한다. 힘을 뜻하는 정확한 영어단어는 바로 포스(force)이다. 그러면, 마지막으로 영화 〈스타워즈〉에서 들어본 명대사를 같이 읊어 보자.

"May the force be with you…" (힘이 그대와 함께하기를…)

생각 넓히기

1 | 탄성력은 왜 기본 힘이 아닐까?

고체는 원자끼리 강하게 잡아당기는 힘에 의해 단단한 모습을 유지할 수 있다. 외부에서 힘이 가해진다면 고체를 이루고 있는 원자는 조금씩 구조가 비틀어지면서 내부에 에너지가 저장된다. 나중에 외부에서 가해지는 힘이 없어지면 저장된 에너지에 의해 원래 상태로 돌아온다. 이 모든 과정은 원자 사이의 전자기력에 의한 것이므로 탄성력은 전자기력의 범주에 속한다.

2 | 그럼 마찰력도 기본 힘이 아닌가?

그렇다. 기본 힘이 아니다. 우리가 살고 있는 우주에는 앞서 말한 네 가지 힘만 발견된 상태이다. 마찰력에 대해서는 아직도 구체적인 연구가 진행중인데, 입자와 입자 사이의 전기적으로 잡아당기는 힘이 주된 원인으로 알려져 있다. 이 밖에도 스티커

의 찐득찐득하게 달라붙는 힘이라든지, 자전거의 브레이크도 모두 전자기적 인력과 척력에 의한 것이다

3 | 그 외에 기본 힘이 아닌 것들에는 무엇이 있을까?

회전하는 물체는 밖으로 튀어나가려는 힘을 받는다. 이를 '원심력'이라고 한다. 실제로 물체는 밖으로 튀어나가려는 것이 아니다. 관성에 의해 그냥 앞으로 가려고 하는데, 구심력에 의해 회전 중심으로 잡아당겨지기 때문에 느껴지는 힘일 뿐이다. 그리고, 엘리베이터를 타면 몸이 무거워지거나 가벼워지는 느낌을 받는다. '관성력'이라고 부르는 이 힘도 실제로 존재하지 않는 힘이다. 그 외에 기우뚱한 배가 무게중심을 잡는 복원력은 중력에 속한다.

그리고 일상생활에서 물질들이 밀고 당기는 것은 거의 전자기력이라고 보면 된다. 충격력, 풍력, 수력, 장력, 표면장력 등이 이에 해당한다.

Physics

03 중력

 생텍쥐베리가 쓴 소설 〈어린왕자〉에는 소행성 B612에서 살고 있는 어린왕자가 나온다. 이렇게 작은 별에 살고 있는 어린왕자가 가장 두려워하는 것은 감기라고 한다. 왜냐고? 기침만 하면 바로 우주로 날아가버리기 때문이다.

중력 발견의 실마리를 제공한 갈릴레이

갈릴레이 갈릴레오는 망원경에 푹 빠져 있었다. 최고의 연마 기술로 만들어진 그의 망원경은 달의 분화구가 명확하게 보였다. 그것만으로도 그는 전율을 느꼈다. 달은 매끈하다거나, 달이 치즈로 되어 있다는 다른 사람들의 말은 더 이상 그는 믿지 않는다. 그가 관찰한 달의 표면은 울퉁불퉁하였으며, 돌멩이와 바위가 널려 있었다. 망원경은 그에게 우주를 보는 새로운 시각을 보여주기에 충분했다.

 그러던 그에게 새로운 관심거리가 하나 생겼다. 바로 목성 주변의 조그만 천체였다. 그런데 그 숫자가 계속해서 변하는 것이 아닌가. 어느 날은 천체 하나가 보였다가, 몇 달 후에 다시 살펴보면 네 개가

있었고, 다시 두 개로 줄어들곤 하였다. 갈릴레이는 그것이 목성의 위성임을 확신했다. 지구의 달처럼 목성은 위성 네 개를 거느리고 있었던 것이다!

우주는 일반성을 지니고 있다. 여기서 일어나는 과학적 현상은 다른 곳에서도 일어나야 한다. 보고 들은 것만 믿어라! 자신의 사고에서 철저하게 신을 제외시킬 수 있었던 그는 천체의 회전운동에 대한 구체적인 실마리를 풀어나갔던 것이다.

그가 관측한 또 다른 천체는 금성이었다. 새벽이나 저녁에 밝게 빛나는 금성은 항상 태양 주변에서만 발견된다. 그래서 한밤중에는 볼 수 없었다. 그 사실만으로도 신기하지만, 갈릴레이가 관측한 금성의 크기 변화는 정말 놀라운 발견이었다.

금성은 지구와 가까이 있을 때, 태양의 빛을 모두 반사시킬 수 없기 때문에 항상 반달 모양을 하고 있다. 그리고 아주 크다. 금성이 지구와 멀리 떨어진 경우는 보름달처럼 둥그런 모양을 하지만, 크기가 작아진다. 이러한 모든 사실은 태양이 회전운동의 중심에 있어야 한다는 것으로, 그 당시 사실로 받아들여지던 천동설을 기본적으로 부인하는 것이다.

갈릴레이는 다른 과학자들에 비해 처세술에 조금 능한 편이다. 잘 알고 있던 프랑스의 유명한 과학자 브루노가 지동설을 주장하다가 처형당한 후 비슷한 사례가 계속 이어지자, 갈릴레이는 조금 다른 방식으로 책을 쓰기로 마음먹었다. 서로 다른 두 사람이 천동설과

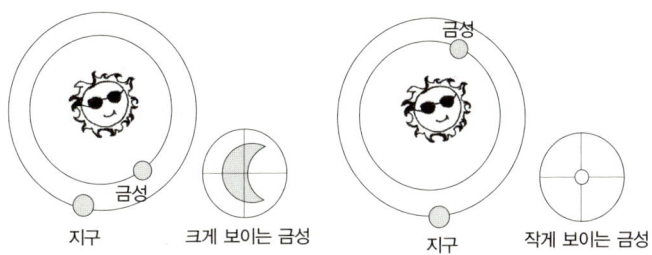

지동설을 놓고 토론하는 형식의 글을 쓴 것이다. 즉, 갈릴레이는 자신이 발견한 지동설의 증거 자료를 제시하되 천동설의 주장도 같이 책에 담아낸 것이다. 책의 내용은 지동설의 일방적인 주장이 아니었지만, 결국 갈릴레이는 종교재판에 회부되었다. 그 당시의 종교재판은 누구의 죄를 묻기 위해서 열린다면 반드시 형에 처해졌기 때문에 갈릴레이는 재판장에서 천동설을 지지하겠다고 맹세하였다고 한다. 하지만 제도가 그의 신념과 철학을 바꿀 수는 없는 법, 재판장을 나설 때 '그래도 지구는 돈다'라고 말한 것은 너무 유명하다. (진짜 그런 말을 했는지는 아무도 모른다.)

하지만 갈릴레이는 천체들이 서로 어떤 힘으로 움직이는가에 대한 설명을 하지 못하였다. 갈릴레이 주자의 배턴은 뉴턴이 넘겨받았다. 뉴턴은 이외에도 많은 과학자들의 연구성과에서 영감을 얻었다. 사실, 뉴턴은 여러 개의 배턴을 들고 뛴 것이다.

갈릴레이가 발견한 것은 지구가 돈다는 것이고,
뉴턴이 발견한 것은 태양이 지구를 잡아당긴다는 것이다.

중력을 수학적으로 설명한 뉴턴

모든 물체는 주변에 중력장이 있어서 주변의 물체들을 끌어당기고 있다. 이 중력장의 크기는 물체의 질량과 비례한다.

중력의 개념은 영국의 뉴턴이 처음으로 제안했다. 전염병이 돌아 학교가 휴교를 하자, 뉴턴은 영국의 고향으로 돌아와 사과나무 밑에서 중력의 법칙을 발견한 것으로 알려져 있다. 하지만, 과학사가들의 입장에 따르면 뉴턴이 살던 동네에는 사과나무가 없었다고 한다. (상당히 많은 이야기들은 지어진 경우가 많다. 세상에 믿을 것은 여러분의 건전한 사고력밖에 없다!)

그러면, 뉴턴이 발견한 중력을 공식으로 알아보자. 뉴턴의 중력은 다음과 같이 간단하고 복잡하게(?) 표현할 수 있다.

질량을 가진 두 물체는 서로 잡아당긴다. 그 힘은 물체의 질량에 비례하고 두 물체 사이의 거리의 제곱에 반비례한다. F는 힘으로 단위는 N(뉴턴)이다. G값은 비례상수로 정밀한 실험 결과 밝혀진 값이다.

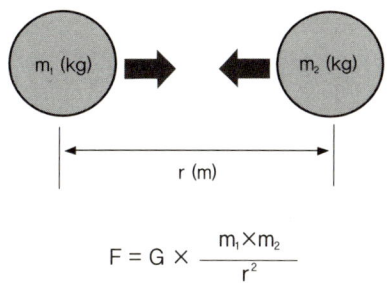

$$F = G \times \frac{m_1 \times m_2}{r^2}$$

$$G \fallingdotseq 0.0000000000667 \, m^3/s^2 \cdot kg$$
$$\fallingdotseq 6.67 \times 10^{-11} m^3/s^2 \cdot kg$$

즉, 1kg의 두 물체가 1m만큼 떨어져 있으면 6.67×10^{-11}N의 힘으로 잡아당기는 것이다. G의 값이 매우 작으므로 우리는 만유인력이 매우 약한 힘이라는 것을 알 수 있다. 다시 말하지만, 만유인력은 현재까지 알려진 네 개의 기본 힘들 중 가장 약한 힘이다. 하지만 전 우주에 걸쳐 가장 득세한 힘이기도 하다.

뉴턴이 발견한 만유인력의 법칙은 매우 훌륭하여, 작은 사과에서부터 시작하여 태양계는 물론이고 1천억 개의 별을 거느린 거대한 은하끼리의 충돌도 설명할 수 있었다. 뉴턴 이후로 고전역학의 새로운 부흥기를 맞았다고 해도 과언이 아니다.

살려줘! 이론상 블랙홀로 빨려들어갈 때는 길쭉해진다.

　지구와 같은 큰 물체는 큰 중력장을 낼 수 있지만, 주변의 작은 물체들은 서로 잡아당길 만한 큰 중력을 낼 수 없다. 따라서 우리 주변에서 볼 수 있는 대부분의 중력은 지구가 잡아당기는 힘이다.

생각 넓히기

• 블랙홀 •

태양보다 100배 큰 천체가 수명이 다한 후 찌그러진다고 생각하면 어떻게 될까? 이에 대한 해답은 스티븐 호킹이 제시하였다. 블랙홀이라고 부르는 이 천체(사실, 블랙홀이라고 이름 붙인 과학자는 따로 있다.)는 엄청난 밀도로 압축되어 있어서 표면의 중력도 엄청나다. 여러분이 이 블랙홀 근처에 다가간다면 몸이 엿가락처럼 길게 늘어지며 블랙홀로 빨려 들어갈 것이다. 지금 과학자들은 우주의 여기저기에서 블랙홀을 찾고 있는데, 백조자리 근처에서 심증이 가는 천체가 있다고 주장한다.

블랙홀은 왜 보이지 않을까? 어떤 물체든지 보기 위해서는 빛을 방출해야 한다. 그 빛이 눈에 들어오면 우리는 물체를 인식하는 것이다. 하지만 블랙홀은 엄청난 중력으로 빛까지 빨아들이기 때문에 컴컴한 우주에서 볼 수 없는 것이다.

전자기력

04

Physics

물질은 원자로 되어 있고, 원자는 (+)전하를 띤 원자핵과 (−)전하를 띤 전자로 이루어져 있다. 따라서 우리 주변의 많은 자연 현상과 대부분의 화학 현상은 전자기적인 현상이다. 그러면 다음 중 전자기력이 아닌 것을 찾아보자.

① 세탁기가 빨래를 돌리는 힘
② 마차를 끄는 말의 힘
③ 야구 방망이가 공에게 가하는 충격력
④ 자동차 엔진에서 일어나는 폭발력

(답: 모두 전자기력이다.)

믿기 어렵다고? 그렇다면 우리는 동물의 근육이 어떻게 움직이는가 알아볼 필요가 있다. 장조림이나 안심 스테이크를 먹어보면 동물의 살이 수많은 섬유질(실)로 이루어진 것을 볼 수 있다.

근육 섬유는 액틴과 미오신이라는 단백질로 이루어져 있으며, 미오신이 액틴 사이로 미끄러져 들어가면서 근육이 수축된다. 액틴이

미오신 안으로 미끄러져 들어가는 것이 전기적인 현상이라는 것은 과학자들에 의해 이미 밝혀진 사실.

| 전자기력(전기력+자기력) |

1. 전기력 : 전하를 띤 물체가 서로 잡아당기거나 밀어내는 힘
2. 자기력 : 자석과 같이 자기장을 띤 물체 사이의 힘

앞서 중력은 질량을 가진 물체가 서로 당기는 힘이라고 배웠다. 중력을 일으키는 질량은 한 가지 종류뿐이다. 하지만 전기력은 조금 다르다. (+)와 (-)의 두 종류가 있기 때문이다. 자기력의 경우는 N극과 S극이 있다. 전자기력에서는 미는 힘도 존재한다. 전자기력은 같은 극성끼리는 밀어내고 다른 극성끼리는 잡아당긴다.

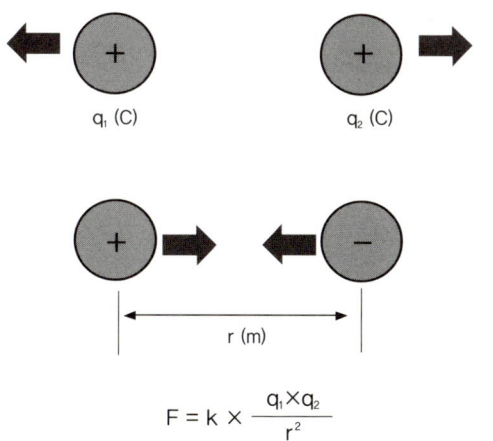

$$F = k \times \frac{q_1 \times q_2}{r^2}$$

"크흐흐… 거리가 2배가 되면 빛 에너지는 4배로 줄어들지!!-물리학을 배운 괴수.

수학적으로 알아본 정전기력

이 식은 쿨롱이라는 사람이 처음으로 제안하여 쿨롱의 법칙으로 부른다. q_1, q_2는 전하량으로서 단위는 C(쿨롱)이다. 이것은 중력을 일으키는 질량에 대응하는 값이다. 전자가 6.25×10^{18}개 정도 모여 있으면 -1C(쿨롱)이 된다. 반대로 양성자(또는 양전하)가 모여 있다면 1C이 된다.

쿨롱의 법칙을 자세히 보면 중력 공식과 많이 닮아 있는 것을 알 수 있다.

뉴턴이 중력의 아버지라고 하면, 쿨롱은 정전기력의 어머니인 셈이다. 힘의 단위는 중력과 마찬가지로 N(뉴턴)이다. 쿨롱의 법칙에

서 비례상수 k는 중력에 대한 뉴턴법칙의 G에 해당하는 것이다. 중력의 경우, G의 값은 아주 작으나 (6.7×10^{-11}), 전기력의 비례상수 k는 매우 큰 양이다. 대략 k = $9 \times 10^{9} Nm^{2}/C^{2}$이다.

★ 쉿! 장(field)의 비밀을 너에게만 알려주마!

중력과 전자기력은 주변에 장을 형성한다. 각각 중력장과 전기장이라고 부른다. 중력장 내의 물체는 인력을 받고, 전기장 내의 전하도 힘을 받는다. 그리고 그 장의 크기는 거리의 제곱에 비례하여 작아지는 경향을 보인다.

거리의 제곱에 비례해서 작아지는 힘

공간에 골고루 퍼지는 모든 것은 거리의 제곱에 비례해서 세기가 줄어드는 경향이 있다. 방 한가운데 촛불이 있다고 하자.

거리가 2배로 멀어지면 촛불의 세기는 얼마나 약해질까? 거리에 따라서 2배로 약해진다고 생각하면 오산! 거리의 제곱, 즉 4배로 촛

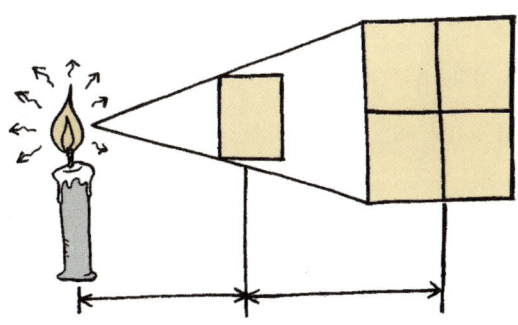

불의 크기가 약해진다. 이처럼 중력과 전자기력도 거리의 제곱에 비례해서 약해지는 특성이 있다.

중력, 전자기력 ∝ $1/거리^2$

중력과 전자기력은 거리의 제곱에 비례해서 그 힘이 감소된다.

생각 넓히기

소금(염화나트륨)은 나트륨과 염소원자로 이루어져 있다. 나트륨은 전자 하나를 잃어버리고 (+), 염소원자는 전자 하나를 얻어 (-)전하를 띤다. 이렇게 전하를 띤 입자들을 이온(ion)이라고 부른다. 나트륨과 염소 이온은 1:1로 만나서 소금을 만든다. 굵은 소금을 살펴보면 그 모양이 정육면체임을 알 수 있다. 이것은 나트륨과 염소가 결합한 모습에서 비롯된 것이다. 이렇게 결정 모양을 가지고 원자배열까지도 짐작할 수 있다.

Physics
05　　　　　　　　　　　강한상호작용　**핵력**

　우주의 모든 물질은 원자로 이루어져 있다. 원자의 실체가 알려진 것은 지금으로부터 200년, 원자의 자세한 구조가 밝혀진 것은 50년이 채 되지 않는다. 알려진 바에 의하면 원자는 가운데에 원자핵이 박혀 있고, 그 주위에 전자가 퍼져 있다.

　원래 보이지 않으면 상상할 수밖에 없는 법! 사실, 원자 내부 구조에 대한 논의는 물리학자들의 오랜 토론거리였다. 원자가 매우 작고, 원자를 다루기 위한 기계들도 역시 원자로 이루어졌기 때문에, 원자의 내부구조를 파악한다는 것은 매우 어려운 일이다. 이것은 시계의 내부 구조를 알아내고 싶은데, 가진 도구라고는 무딘 망치만 있는 것과 비슷하다.

　그래도 알고 싶은 건 어쩔 수 없다! 핵물리학자들은 여러 원자와 다른 입자들을 서로 충돌시켰다. 핵물리학자들은 이렇게 부서진 원자의 파편을 조사하면서 원자의 내부 구조에 대한 희박한 지식들을 쌓아갈 수 있었다.

　한편, 원자핵의 내부구조가 대충 밝혀질 무렵, 의문 하나가 제기

되었다. 그것은 바로 원자핵의 안정성에 관한 것이다. 그때까지의 상식으로 보면, 원자핵은 그 자체로 존재할 수 없다. 왜냐하면 같은 전기를 띠는 양성자끼리는 서로 밀어내기 때문이다. 이에 대한 실마리는 일본의 과학자 유가와 히데키가 풀어내 1949년 노벨물리학상을 받았다.

| **핵력(강한상호작용)** |
원자핵을 이루는 양성자와 중성자들이 서로 잡아당기는 힘

핵력(강한상호작용)의 특징
핵을 이루는 양성자들과 중성자들은 서로를 매우 단단히 붙잡고 있다. 하지만 거리가 약간만 떨어져도 급격히 약해지는 특징이 있다. 그래서, 우라늄과 같이 매우 큰 원자핵의 경우는 원자핵이 몹시 불안정한 상태에 있는데, 약간의 충격으로 원자핵의 구조가 무너지는 경우가 발생한다. 이때 엄청난 양의 에너지가 나온다. 이것이 바로

양성자는 서로(+) 전하를 띠고 있으므로, 전자기력에 따라서 서로 미는 힘이 나타난다.

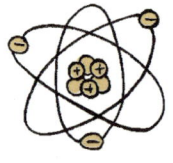

원자핵을 이루는 양성자들은 어떤 힘에 의해 서로 붙들려 있는 것일까?

강한 핵력 : 서로 가까이 있을 수 없는 두 존재를 이어주는 강력한 힘!!

원자폭탄과 원자력 발전의 원리이다.

생각 넓히기

최근의 물리학자들은 원자를 더욱 자세히 알고 싶어서, 원자들을 더욱 세게 충돌시키고 있다. '입자가속기'는 원자와 같은 작은 입자들을 좀더 빠른 속도로 충돌시키기 위한 장치이다. 그 크기는 어마어마하여, 둘레가 약 5km 에서 10km에 이른다. 이미 일본, 미국, 유럽연합, 독일, 중국 등에서 수억, 수십억 달러 규모의 가속기 시설을 건설하거나 이미 운영중이고, 우리나라도 건설을 추진하고 있다.

약력 약한상호작용

06

약력(약한상호작용)은 중력, 전자기력, 핵력과 함께 우주를 이루는 네 가지 기본 힘이다. 약력은 전자와 원자핵이 기존의 힘으로는 설명할 수 없는 행동을 가끔씩 보임에 따라 과학자들에 의해 제기된 것이다.

약력은 주로 방사능이 붕괴될 때 관찰된다. 예를 들어, 수소원자를 살펴보자. 일반적인 수소 원자핵은 양성자 한 개만으로 이루어져 있다. 즉, 일반적인 수소 원자핵에는 중성자가 없다. 하지만 간혹 수소 원자핵에 중성자가 붙어서 원자핵을 이루는 경우가 있는데, 다른 수소원자핵보다 2배 정도 무겁기 때문에(붙어 있는 중성자가 양성자와 질량이 비슷하다), 중수소(deuterium ; 重水素)라고 부른다. 한술 더 떠서, 양성자 한 개에 중성자가 두 개 붙어 있는 수소 원자핵도 있는데, 이러한 수소는 삼중수소(tritium ; 三重水素)라고 부른다. 따라서, 삼중수소는 일반적인 수소보다 약 3배 정도 무겁다.

삼중수소는 그 자체로 양성자와 중성자의 밸런스가 맞지 않는다. 지구상의 안정적인 원자핵들을 조사해보면, 중성자는 양성자 수와

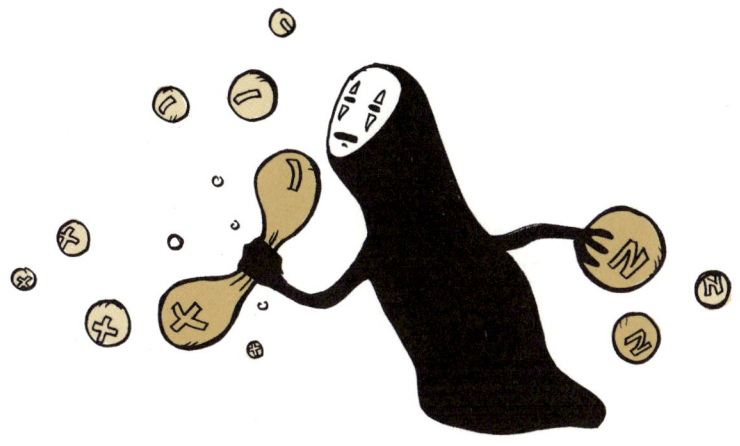

신비한 힘 약력. 중성자를 양성자와 전자로 갈라놓은 '베타 붕괴'는 약력에 의한 결과이다.

같거나 적다. 중성자가 지나치게 많은 원자핵은 스스로 전자와 반중성미자(antineutrino)를 방출하며 양성자로 돌변한다. 이제 양성자가 두 개가 된 원자는 원자번호 2번인 헬륨이 되었다. 즉, 수소가 다른 종류의 원소로 바뀐 것이다. 여기에 관여하는 힘이 약력으로 알려져 있다.

약력은 핵력(강한상호작용)보다, 더 작은 범위에서만 작용하는 것으로 알려졌다. 또 최근에는 전자기력과 약력을 통합하여 설명하려는 이론들이 많이 발표되었다.

생각 넓히기

Q 저는 중학교 때, 돌턴의 원자설을 공부하면서, 원자는 다른 원자로 변하지 않는다고 배웠습니다. 그런데 이 책에서는 원자가 변한다고 써 있네요. 도대체 누가 거짓말을 하는 거죠?

A 둘 다 맞습니다. 돌턴의 이론은 정확히 '돌턴의 원자설' 입니다. 다시 말하면 가설(theory)이지요. 그 당시에는 그 가설만 적용해도 주변의 자연현상을 꽤 훌륭하게 설명할 수 있었습니다. 그래서 돌턴의 '가설' 이 채택되었던 것입니다. 그리고 그 내용은 중학교 교과서에도 소개되어 있습니다.

하지만, 현대에 와서 돌턴의 '가설' 로는 설명할 수 없는 방사능 현상이 많이 발견되었으며, 이를 설명하기 위한 여러 가설이 추가로 도입된 것입니다. 그 내용은 고등학교 교과서에 설명되어 있습니다.

사회적으로 받아들여진 '가설' 은 가설 그 자체로 과학적 의미를 가집니다. 그리고 그것은 만고불변의 진리가 절대로 아닙니다. 바뀔 수 있습니다. 우리가 지금 보는 이 책의 내용도 언젠가는 거짓으로 밝혀질 수 있겠네요. 저는 그 전에 이 책의 출간을 빨리 끝내야겠습니다.

Physics 07

마찰력

파리(fly)에 관한 이야기를 해보겠다. 마찰력을 이야기하면서 무슨 파리냐고? 창문에 붙어 있는 파리 한 마리에게도 엄청난 물리학적 원리가 숨어 있지!

자! 그럼 문제! 유리창의 파리는 어떻게 유리창에 붙어 있을까?
① 파리가 앞발로 유리 표면을 꽉 잡고 있다.
② 그냥 유리 표면에 앉기만 해도 붙어 있을 수 있다.
③ 앞발이 찐득찐득하다.

정답은, ②번이다. 엥! 믿을 수 없다고? 사실 파리는 유리표면과의 부착력을 이용해서 유리창에 붙어 있는 것이다. 부착력은 마찰력의 일부이니까. 결국 파리가 유리창에 붙을 수 있었던 힘은 바로 마찰력인 것이다. 그럼 이제부터 잘 읽어보길……..

| 마찰력 |

물체의 운동을 방해하는 힘

접촉한 두 물체가 떨어지지 않게 하는 힘

움직이는 물체는 그 운동상태를 계속 유지하려고 하나, 마찰 때문에 결국 정지해버린다. 마찰은 자동차가 진행하려는 것을 막기도 한다. 자동차는 마찰을 극복하고 달리기 위해 전체 연료의 반 정도를 낭비해버린다.

그러나 마찰은 항상 나쁜 것만은 아니다. 실제로 마찰이 없다면, 자동차는 바퀴만 헛돌 뿐 앞으로 나아갈 수 없다. 여러분이 앞으로 걸어갈 수 있는 것도 땅바닥과 신발바닥과의 마찰력 덕분이다.

내가 어떤 물체를 밀고 있다고 하자. 내가 물체를 미는 힘을 F라고 표시하면 마찰력은 소문자 f로 표시하는 것이 일반적이다. 내가 미는 힘 F가 마찰력 f보다 더 크다면 그 물체는 움직일 수 있다. 만

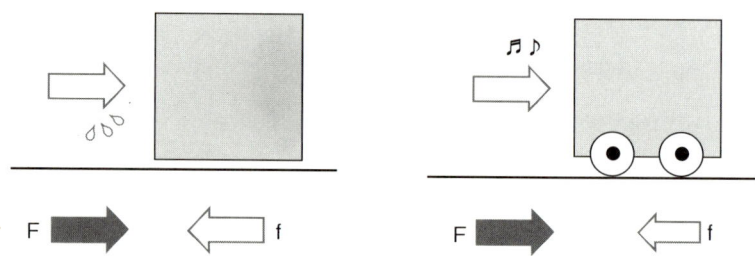

약 F와 f가 같다면 힘의 평형이 일어나, 물체는 움직이지 않는다.

일반적으로, 마찰력의 크기 f는 물체를 수직으로 누르는 힘 N(수직항력)에 비례하고, 접촉면의 넓이와는 관계가 없는 것으로 되어 있다.

$f = \mu \cdot N$

$f = (0 \sim 1 \text{ 사이의 값}) \times N$

μ은 마찰계수라는 것으로 물체의 종류에 따라 달라지는 숫자 값이다. 이 값은 실제로 과학자가 일일이 실험을 통해 알아낼 수밖에 없다. N은 물체를 수직으로 누르는 힘으로, 단위는 역시 N(뉴턴)이다. 마찰력은 가한 힘보다 커질 수 없기 때문에 μ값은 0에서 1사이의 값을 가진다.

그러면, 마찰력은 왜 일어날까? 맨눈으로 보기에 아무리 매끄러운 표면이더라도 미시 세계에서 보면 매우 거칠다. 따라서 거친 두 표면

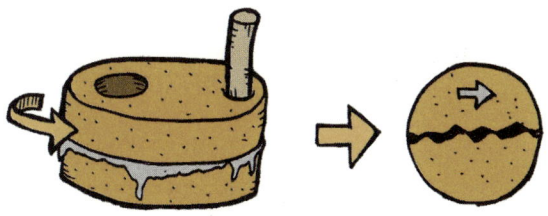

이 만나면 상대적으로 움직이는 것을 방해하므로 마찰이 일어난다.

그러나 교과서적으로 주로 거론되는 거친 표면에 의한 마찰 효과는 전체 마찰의 10%에도 미치지 않는다. 그러면 마찰의 나머지 부분은 어떤 힘에 의한 것일까?

1 • 접착 이론

아무리 매끄러운 금속 표면이라도 이들 표면들이 순간적으로 접착되면 접합점들이 만들어진다. 미끄러지는 동안 이러한 결합들이 계속 만들어지고 잘려 나간다. 마찰은 이러한 접합된 부분이 잘려 나가는 과정에서 생긴다. 서로 접해 있는 두 종류의 금속 중 더 부드러운 금속 내부에서 이러한 잘림이 생겨서 작은 부스러기들이 튀어나

마찰력 – 드리프트의 비밀!!

온다. 이것을 '접착이론'이라고 부른다. 진공상태에서 매우 깨끗한 표면에 아무런 압력을 가하지 않아도 두 금속은 단단히 서로 달라붙을 수 있다. 파리나 모기는 이러한 부착력의 도움으로 유리창에 수직으로 붙을 수 있다.

2 • 정전기 이론

표면들이 서로 미끄러질 때 한 표면에서 다른 표면으로 전하가 이동한다. 그 결과 서로 반대의 전하를 갖게 되는 표면들 사이에는 정전기적 인력이 발생해 마찰이 생긴다. 유리 막대를 모피 조각에 문지르면 마찰에 의해 유리 막대가 전하를 띠는 것은 이미 알려진 사실이다. 식품 포장용기의 랩(wrap)은 정전기적 인력 현상을 응용한 것이다.

생각 넓히기

만약 마찰이 없다면 어떤 일이 일어날까?

1 | 패러글라이딩이나 낙하산을 탈 수 없다.

이것들은 공기와의 마찰을 이용하여 속도를 줄인다.

2 | 걸어다닐 수도 없고, 자동차가 앞으로 나갈 수도 없다.

앞으로 걷고 싶어도 얼음판처럼 미끄러질 것이다. 땅을 밀치는 마찰력이 있어야 앞으로 전진할 수 있기 때문이다. 이는 자동차의 타이어도 마찬가지이다. 마찰력이 없다면 바퀴는 헛돌 뿐이다.

3 | 스케이트나 스키는 목숨 걸고 타야 한다.

스키를 타본 사람은 알겠지만 스키는 출발하는 것보다 멈추는 것이 더 어렵다. 사실 스키 강습은 속도를 줄이거나 멈추는 과정이 대부분이다. 마음대로 멈추어지지 않는다면 어딘가에 몸으로 부딪쳐서라도 정지해야 하기 때문이다.

4 | 빗방울을 피하세요!

지표면 근처에서 빗방울은 공기와의 마찰로 일정한 속도를 유지한다. 실제로 빗방울은 공기와의 마찰로 어느 한계의 속도를 넘지 못한다. 마찰이 없다면 이 한계가 사라지므로 빗방울은 어마어마한 속도로 지표면을 때린다.

5 | 자동차를 어떻게 멈출까?

자동차를 멈추는 힘도 브레이크의 마찰력이다.

6 | 손으로 물체를 잡을 수 없다.

손으로 물체를 잡을 수 있는 것도 손과 물체 사이의 마찰력이 작용하기 때문이다.

Physics
08
물체가 내리누르는 힘 무게

지구상의 모든 물체는 지표면에 다닥다닥 붙어서 지낸다. 우리 주변의 물체들은 지구의 중력장에 끌려 우주로 도망갈 수 없다. 따라서, 질량이 있는 모든 물체는 지구를 향해 내리누르는 힘을 나타낸다.

1. 무게 = 물체가 내리누르는 힘
2. mkg의 물체가 내리누르는 힘은 F(N) = 9.8×m(kg)

당연히, 힘의 방향은 지구 중심 방향을 향한다. 힘의 크기는 간단하게 물체의 질량에 9.8을 곱하면 된다. 그러면 kg단위의 질량이 N(뉴턴)단위의 힘으로 바뀐다. 숫자 9.8은 과학자들이 '중력가속도'라고 부른다. 아주 약간씩 차이는 있겠으나, 지구 어디서나 9.8이라는 숫자는 거의 변함이 없다. 단, 여러분이 지구를 떠나 다른 행성에 있다면, 그 숫자는 바뀌어야 한다. 행성들은 물체를 잡아당기는 중력장의 크기가 서로 다르기 때문이다.

예를 들어, 화성 표면의 중력장은 지구의 0.382배밖에 안 된다.

100kg의 바벨을 들 수 있는 역도 선수는 화성 표면에서 100kg/0.382 ≒ 262kg의 바벨을 들어올릴 수 있다.

반면에 목성 표면의 중력장은 지구의 2.345배에 달한다. 100kg을 들 수 있는 역도 선수는 목성 표면에서는 100kg/2.345 ≒ 43kg 밖에 들을 수 없다. 아마 서 있기조차 힘들 것이다.

이렇게 우리가 살고 있는 지구에서 9.8이라는 숫자는 매우 특별하여, 과학자들은 이 값을 그냥 g라고 부른다.

1. 지표면의 중력가속도 $g ≒ 9.8(m/s^2)$
2. 따라서, mkg의 물체가 내리누르는 힘은

$$F(N) = m \times g$$
$$F(N) = mg(줄여서)$$

생각 넓히기

1 | 아래 문제는 미국의 유명한 물리학교수 폴 휴이트가 좋아한 문제이다. 아래 그림과 같이 소녀가 도르래 양쪽에서 나온 줄을 잡고 매달려 있다. 소녀의 몸무게가 30kg이라면, 줄의 양끝에 걸리는 힘은 얼마인가?

$F = 9.8 \times 30kg = 294N$

조금 엽기적이긴 하지만, 찬찬히 생각해보면 다음과 같다.

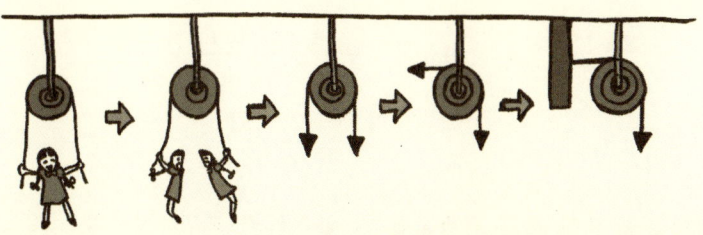

정답은 $9.8 \times 15kg = 147N$. 결국 원래 힘의 절반으로 줄어든다. 물론, 휴이트는 사람을 반으로 자른다거나 하는 엽기적인 행동은 하지 않았다. 하지만 위와 같은 사고는 논리적인 사고력을 향상시키는 데는 도움이 된다.

2 | 중력가속도 g에서 지구 전체의 질량 계산하기

물체가 지구를 내리누르는 힘이 곧 중력이기 때문에, 아래와 같은 두 공식은 서로 같은 식이다.

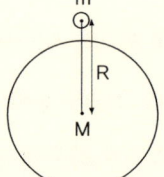

내리누르는 힘 $F = g \times m$

중력 $F = G \times \dfrac{M \times m}{R^2}$

G는 중력상수, M은 지구의 질량, R은 지구와 물체와의 거리, 즉 지구의 반지름이다. 따라서,

$$g = G \times \dfrac{M}{R^2}$$

이 되고, 이로부터

$$M = g \times \dfrac{R^2}{G}$$

임을 유도할 수 있다. 중력가속도 $g = 9.8 m/s^2$ 이고, 지구반지름 $r ≒ 6370000m$ 이므로,

$$M ≒ 9.8 m/s^2 \times \dfrac{(6.37 \times 10^6 m)^2}{6.67 \times 10^{-11} m^3/s^2 \cdot kg}$$
$$≒ 5.98 \times 10^{24} kg$$

제곱항을 쓰지 않고 결과값을 쭉 늘어뜨려 보면, 지구의 질량은 약 5980000000000000000000000kg이 된다

3 | 힘들게 운동하지 않고 몸무게를 줄일 수 있을까? 다이어트를 하지 않고도 간단

이 다이어트 확실하던걸?! 지구 깊숙이 들어가니까 중력이 약해지더라구!!

히 몸무게만 줄일 수 있는 방법이 있다.

    지구 위에 있는 사람에 작용하는 중력의 크기는 지구 반지름의 제곱에 반비례한다. 그런데 지표면에서 높이 h의 위치에서의 중력의 크기를 구할 때에는 지구 반지름과 높이를 같이 이용해야 한다. 지구 질량을 M, 중력상수를 G, 지구 반지름을 R, 높이를 h라고 할 때, 중력가속도 크기는 다음과 같은 공식을 사용하여 구할 수 있다. 분모항의 값이 커지므로 몸으로 내리누르는 힘(몸무게)은 줄어든다.

    지구 안쪽으로 파고 들어가도 중력가속도의 크기는 줄어든다. 뉴턴의 법칙에 따르면 지구 안쪽으로 들어갔을 때도 중력가속도의 크기는 변하는데, 그 위치보다 지구 중심에서 멀리 떨어진 물질에 의한 중력의 크기는 무시할 수 있기 때문에 내부의

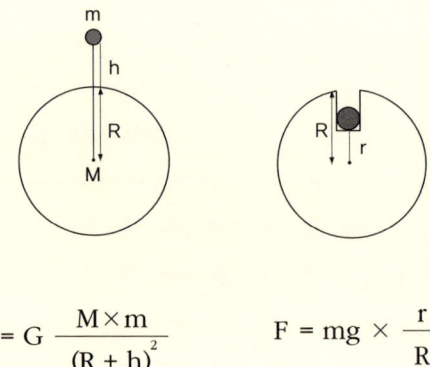

$$F = G \frac{M \times m}{(R+h)^2} \qquad F = mg \times \frac{r}{R}$$

물질에 의한 중력의 크기만 고려하면 된다.

 지구가 내부까지 균일한 물질로 이루어졌다고 가정할 경우, 지구 중심에서부터의 거리를 r이라고 하면, 중력가속도는 다음의 공식과 같이 지구 중심에서부터의 거리에 비례하는 값을 가진다.

$$F = mg \times \frac{r}{R}$$

즉, 지구의 반지름이 6,400km이니까, 몸무게를 10% 정도 줄이기 위해서는 지구 반지름의 1/10, 약 640km 정도 지구 내부로 들어가야 한다. 결국 몸무게를 줄이기 위해서 높이 올라가거나 땅 속 깊이 내려가야 하는데, 실제로 살이 빠지는 것도 아니고, 방법 자체도 쉽지 않으니 차라리 열심히 운동을 해서 살을 빼는 것이 더 낫지 않을까 생각해본다.

Physics 09

탄성력

 탄성력을 이해하기 위해서는 우선 고체 물질의 분자 구조를 이해해야 한다. 고체 물질을 원자단위로 확대하면, 원자들은 전기력에 의해 서로 단단히 붙잡고 있는 모습을 볼 수 있다. 외부의 힘이 가해지면 원자 사이의 거리가 조금 멀어지거나 가까워지면서 전기적 위치에너지가 원자 사이에 축적된다.

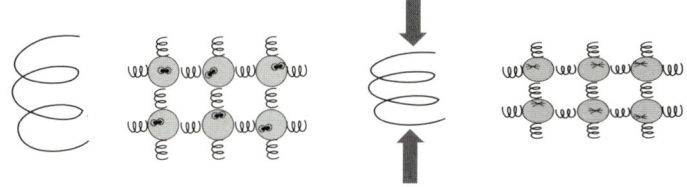

용수철의 압축과 원자들의 상태(상상한 그림)

 따라서 어떤 물체가 탄성체가 되려면 변형된 물체가 원래 상태로 되돌아갈 수 있어야 한다. 찰흙 같은 경우, 변형 후 원래 상태로 돌아가지 못하므로 탄성체가 아니다.
 이러한 원자의 형태가 알려지기 전에 탄성력을 완전하게 정리한

학자가 있었으니, 바로 훅(Hooke)이다. 훅은 뉴턴과 같은 시대의 사람으로, 늘어나거나 압축된 길이와 탄성력과의 관계를 밝혀냈다. 훅의 법칙에 의하면, 용수철을 늘리는 힘과 용수철의 늘어난 길이는 완전히 비례한다.

용수철을 1cm 늘리는데, a의 힘이 들었다면,

용수철을 2cm 늘리는 데는 2 × a,

용수철을 3cm 늘리는 데는 3 × a,

계속 연장해 $x$cm 늘리는 데는 x × aN의 힘이 들어간다. 이 힘은 탄성에너지로 용수철에 저장된다.

탄성력 $F = -k \cdot x$

공식의 -(마이너스) 기호는 용수철을 압축시킨 반대 방향으로 탄성력이 작용함을 나타낸 것이다. 비례상수 k는 용수철마다 서로 다른 값을 가지므로, 직접 실험을 통해 알아내는 수밖에 없다.

너, 내 얼굴의 탄성력이 불안하지 않은게냐?

생각 넓히기

1 | 용수철을 무한정 잡아당길 수 있을까?

무한히 잡아당길 수 없다. 훅의 법칙은 고체의 원자배열을 깨뜨리지 않을 만큼의 범위에서만 성립한다. 너무 큰 힘을 주어 잡아당기면 원자배열이 깨지면서 원래대로 복원되지 못한다. 용수철이 금속이라면, 늘어난 채로 있고, 플라스틱이라면 끊어질 것이다.

2 | 매우 단단한 당구공도 탄성체인가?

그렇다. 겉으로 보기에도 매우 단단해 보이는 당구공도 큐로 세게 치면 일부분이 변형 후 복원되면서 탄성력이 나타난다. 야구공, 탁구공도 마찬가지이다. 만약 탄성체가 아니라면 힘을 받은 부분이 영구적인 변형 상태로 있어야 한다.

Physics

10 장력과 압축력

사람을 포함한 동물의 뼈는 바깥 부분이 단단하고, 속안은 부드러운 골수로 채워져 있다. 뼛속까지 균일하게 단단하다면, 외부 충격에 더 잘 버틸 것 같지만, 사실은 그렇지 않다. 뼈의 가운데 공간이 비어도 뼈의 전체 강도에는 큰 영향을 미치지 못한다고 한다. 왜 그런지 알아보자.

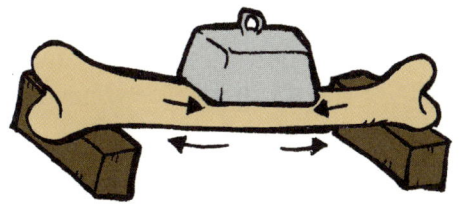

| 압축력 |

어떤 물체를 누르는 힘. 이 힘은 부피를 감소시키거나 길이를 수축시킨다.

| 장력 |

어떤 물체를 잡아당기는 힘. 이 힘은 부피를 증가시키거나 길이를 늘린다.

죽거나 혹은 나쁘거나… 장력과 압축력 중 어느게 더 강할까?

앞에서처럼 뼈에 힘이 가해지는 경우를 생각해보자. 이와 비슷한 물리적 상황은 언제든 일어날 수 있다(공을 차든지, 무거운 것을 드는 경우). 그림의 뼈는 가운데 부분에 누르는 힘이 걸려 있다. 이때 뼈 윗부분에는 압축력이 작용하고, 뼈 아랫부분에는 늘어나는 장력이 작용한다.

뼈의 중간 부분이 비어 있어도 왜 상관없는지 자세히 알아보자. 뼈는 윗부분의 압축력과 아랫부분의 장력에 견디기만 하면 된다. 위아래 사이의 중간 부분에는 특별한 힘이 걸리지 않는다.

철골구조의 건축에 사용하는 I빔은 중간 부분에 힘을 받지 않기

때문에 최대한 가벼우면서도 튼튼함을 유지할 수 있는 구조이다.

또, 앞에서 본 모양이 ■, ●, ○인 막대기 중, 가벼우면서도 외부 하중에 효과적으로 견딜 수 있는 막대기는 ○모양이다.

생각 넓히기

건축자재로 사용하는 콘크리트는 압축력에는 강하지만, 장력에 쉽게 갈라진다. 철근은 장력에 강하지만 압축력에는 약하게 휘어진다. 이 둘이 만나면 외력에 매우 강한 건축자재가 만들어진다.

힘의 평형

11

중생대 공룡들 중 목이 긴 초식공룡이 있다. 그런데 목이 긴 공룡은 약속이나 한듯 꼬리 또한 길다. 이것은 우연일까, 필연일까?

힘의 평형이 깨지면 그 시스템은 변화하기 시작한다. 시소를 탈 때, 평형이 깨지면 한쪽으로 완전히 기울어진다. 경사면에 주차한 자동차의 주차 브레이크가 완전히 당겨져 있지 않으면 힘의 평형이 깨져 자동차는 경사면을 타고 미끄러진다.

그러면, 자동차가 출발하여 정속도로 주행한 후 천천히 멈추는 경우를 생각해보자.

자동차에는 자동차를 움직이려는 힘 F와 마찰력 f가 존재한다. 자동차의 속력이 변하기 위해서는 두 힘의 평형이 깨져야 한다. 즉 자동차를 움직이려는 힘 F가 마찰력 f보다 크면 자동차는 속력이 증가한다.

자동차의 속력이 변하지 않는 경우, 모든 힘의 합은 '0' 이다. F와 f

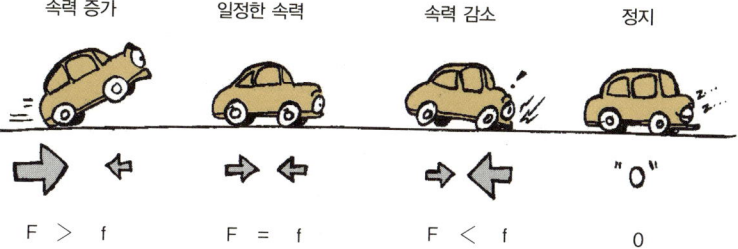

가 평형상태를 이루기 때문에 속력이 변하지 않는 것이다.

속력이 감소하는 구간에서는 마찰력 f가 가장 중요한 힘이 된다. 자동차가 정지한 경우도 마찬가지로 힘의 평형 상태이다.

| 힘의 평형 상태 |

어떤 계에 가해지는 모든 힘의 합이 '0'인 경우, 평형 상태에서는 속력의 변화가 일어나지 않는다.

공룡과 마찬가지로 시소도 균형을 맞추는 것이 중요하다. 시소에 가해지는 힘(회전력)은 회전 중심으로부터의 거리와 물체의 질량을 곱

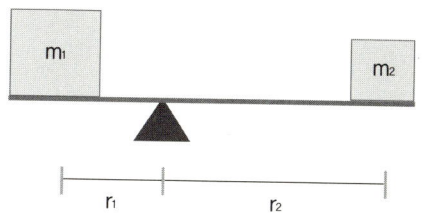

양쪽에서 끌어당기는 힘이 같을 때, 힘의 평형이 이루어진다.

해서 계산한다. 시소가 균형이 맞기 위해서는 양쪽의 회전력이 균형을 맞추면 된다.

시소의 평형조건　　$m_1 \times r_1 = m_2 \times r_2$

생각 넓히기

1 일정하게 움직이는 기차가 있다. 기차에 가해지는 모든 힘을 합치면 어떻게 될까?

① 기차가 전진하는 방향이다.

② 힘은 '0' 이다.

③ 기차가 가는 반대 방향이다.

2 움직이는 물체에 아무런 힘도 가하지 않으면 어떻게 될까?

① 속력이 줄어든다.

② 계속 그대로 움직인다.

③ 점점 더 빨라진다.

답은 모두 ②이다. 잘 모르겠다고? 힘의 평형상태에서는 변화가 없다는 사실을 명심하도록! 일정한 속력으로 움직이는 것도 변화가 없는 것임.

Physics

마찰전기

12

이 세상의 모든 물질들은 원자로 이루어져 있다. 원자의 실체를 잘 몰랐던 옛날에는 원자를 더 이상 쪼갤 수 없는 물질로 생각하였다. 원자를 나타내는 영어 'Atom(아톰)'도 그리스어로 '더 이상 쪼갤 수 없는' 이라는 뜻이다.

그렇게 견고했던 원자의 내부 구조가 밝혀진 것은 지금으로부터 약 110년 전의 일이다. 현재까지 알려진 원자의 대략적인 모습은 다음과 같다.

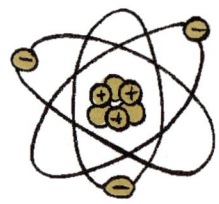

위 그림은 여러분의 이해를 돕기 위해 원자핵이 비교적 크게 그려져 있다. 실제로 원자 크기가 위의 그림과 같다면 원자핵의 크기는 마침표(.)보다 작다. 그리고 전자는 주어진 궤도를 선회하지 않는다.

어쨌든 원자의 중심에는 원자핵이 있고, 원자핵의 주변에는 (−)전기를 띤 전자가 있다는 것은 잘 알고 있을 것이다.

중심에 위치한 원자핵은 양성자와 중성자로 이루어져 있다. 양성

자는 (+)전기를 띠고 있어, 전자와 반대이다. 중성자는 아무 전기도 띠지 않는다.

| 원자 |
원자핵(양성자+중성자)+전자로 구성되어 있다.
| 양성자 |
중심의 원자핵을 구성하고, (+)전기를 띤다.
| 중성자 |
중심의 원자핵을 구성하고, 전하를 띠지 않는다.
| 전자 |
외곽에서 원자핵을 둘러싸고, (-)전기를 띤다.

(-)전자는 매우 가벼워, 한 원자에서 다른 원자로 쉽게 이동할 수 있다. 성질이 서로 다른 두 물체를 마찰하면, 일부 전자들이 한쪽에서 다른 쪽으로 이동한다. 결국 이러한 전자의 이동은 전기적인 비평형 상태를 유발한다. 전자가 빠져나간 상태의 원자는 (+)전기를 띠고, (-)전자를 받은 원자는 (-)전기를 띤다. 이 현상을 마찰전기라고 부른다.

유리막대와 머리카락을 서로 문지르면 머리카락의 전자가 유리막대로 이동하면서 머리카락은 (+) 전기를, 유리막대는 (-) 전기를 띠게 된다. 어떤 물체가 무슨 극을 띠는가는 과학자들이 실험을 통

전기뱀장어들의 사랑은 위험해!
- 마찰은 전기를 일으킨다!

해 밝혀냈다.

겨울철에는 공기 중의 습도가 낮아서 마찰전기가 잘 발생한다. 전기적인 불균형 상태가 심해질수록 평형상태로 돌아가려는 성질 또한 강해진다. 겨울철에 자동차의 문을 열기 위해 손잡이를 잡다가 찌릿하는 안 좋은 경험을 해봤을 것이다. 이처럼 대전된 물체의 전자들은 이동하여 전기적으로 평형상태로 돌아가려는 성질 또한 존재한다. 이 현상을 '방전'이라고 한다.

| 대전 |
물체가 전기를 띠는 현상

| 방전 |

대전된 물체가 전기적 성질을 잃어버리는 현상

생각 넓히기

번개가 치는 구름의 위 아래쪽은 서로 다른 전기를 띤다. 관측에 따르면 구름의 위쪽은 (+), 구름의 아래쪽은 (-) 전기를 띤다. 이렇게 대전된 구름과 지표면 사이의 방전 현상이 바로 번개이다. 번개는 1회당 40W의 형광등 14,000개를 10시간 동안 켤 수 있는 막대한 에너지를 가진다.

구름이 전기를 띠는 원인에 대해서는 아직 명확히 밝혀진 것은 없고, 구름을 구성하는 물이 얼음으로 되는 과정에서 전자의 이동이 일어나는 것으로 알려져 있다. 주위를 둘러보면 우리는 아직 우리 주변에 대해서 너무 모르는 게 많다는 생각이 문득 든다.

도체와 절연체

Physics 13

금속은 전기가 잘 통하는 반면, 대부분의 비금속들은 전기를 잘 통하지 못한다. 금속은 어떻게 전기가 잘 통할까?

자유전자를 가지는 금속

고체는 원자나 분자들이 상온에서 비교적 단단하게 결합된 상태이다. 액체와 기체 상태 물질들은 자유롭게 돌아다닐 수 있지만, 고체를 이루는 원자들은 마음대로 움직일 수 없다. 따라서 고체에서 전기가 통하기 위해서는 전하를 운반하는 운반체가 따로 있어야 한다.

금속 원자들은 가장 바깥쪽에 조금 느슨하게 결합된 한두 개의 전자를 가지고 있다. 금속 원자들은 이 전자를 바깥에 내놓고 (+)이온 상태로 존재하기를 좋아한다. 각 가정마다 쓰레기를 골목길에 내놓는 것처럼 금속 원자들은 전자를 내놓는다. 바깥에 내놓은 전자들은 '자유전자'라고 부르며, 금속원자를 붙여주는 풀과 같은 역할도 한다. 같은 (+)금속 원자끼리 서로 밀어낼 것 같지만 중간에 끼어서 돌아다니는 '자유전자'들이 원자들 사이의 척력을 상쇄시킨다.

이 금속결합은 꽤 단단한 편이기 때문에 수은을 제외한 모든 금속은 실온에서 고체로 존재한다.

자유전자를 가지는 금속은 다음과 같은 특징이 있다.

1. 전기와 열을 잘 통한다.
2. 부서지지 않고, 늘리거나 변형하기 쉽다.
3. 자유전자가 빛을 흡수하여 다시 방출하므로 금속 고유의 광택을 띤다.

반면에 소금, 유리, 고무와 같은 고체 물질들은 전하를 전달할 어떤 수단도 가지고 있지 않다. 소금의 화학식은 NaCl(염화나트륨)이다. 염소와 나트륨으로 이루어진 소금은 나트륨이 전자를 내놓고 (+) 전기를 띠며, 반대로 염소는 나트륨이 건네준 전자를 받아 (-) 전기를 띠게 된다. 이렇게 (+)와 (-) 전기를 띤 나트륨과 염소가 교대로 차곡차곡 배열되어 우리가 먹는 소금이 된다. 소금에는 전하를 전달할 어떠한 요인도 존재하지 않는다. 따라서 소금은 전기를 거의 통하지 못한다.

| 도체 |
금속과 같이 전기를 잘 통하는 물질

| 부도체 |
비금속과 같이 전기를 잘 통하지 않는 물질(유리, 고무, 암석 등)

생각 넓히기

1 | 반도체

반도체에 해당하는 물질로는 게르마늄(Ge)이나 실리콘(Si)이 있다. 반도체(半導體)라는 말 자체가 의미하듯, 반도체는 도체와 부도체 중간 정도의 성질을 가진다. 순수한 반도체는 전기를 거의 통하지 않지만 약간의 불순물을 첨가하면 전기전도도가 급격히 증가한다. 넣어주는 첨가제의 종류에 따라 자유전자가 생기기도 하고, 전자가 들어갈 공간이 생기기도 한다.

반도체로 된 얇은 막을 두세 장 겹쳐서 다이오드나 트랜지스터 같은 전기부품을 만든다. 트랜지스터는 약한 전기신호를 크게 증폭시키거나, 전류의 흐름을 통제하는 스위치 역할을 한다. 다이오드는 전류를 한쪽 방향으로만 통과시키거나 전류의 흐름을 제어한다. 반도체기술이 급격히 발달해 현재 우리가 사용하는 컴퓨터 및 정보통신 기술이 널리 보급되었다.

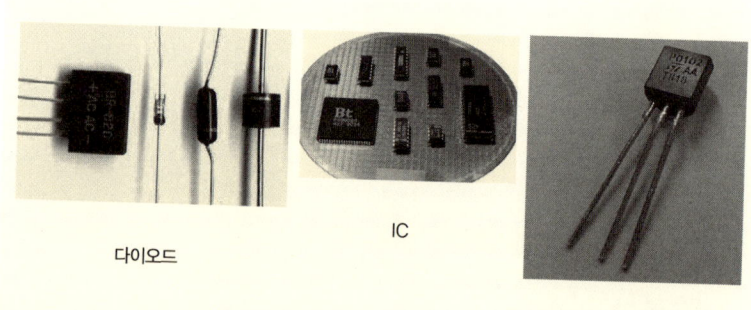

다이오드   IC   트랜지스터

"이거 만만치 않겠는걸?"
"별거 아냐, 얘들은 물만 부으면 손을 놓고 헤어진다구!"

2 | 이온

앞서 고체 소금은 전기를 통하지 않는다고 하였다. 이런 소금이 물에 녹으면 전기를 잘 통하게 된다. 소금이 물에 녹으면서 (+) 전기를 띤 나트륨과 (-) 전기를 띤 염소로 분해되기 때문이다. 이들은 물 속에서 자유롭게 이동하면서 전하운반체의 역할을 한다.

이렇게 자유전자가 아니면서 전하운반체의 역할을 하는 입자를 이온(ion)이라고 한다. 대부분의 화학반응은 주로 전기적 반응이며, 이온들의 반응이 상당 부분을 차지한다.

Physics

정전기 유도

14

 1752년 여름 어느 비오는 날, 벤저민 프랭클린은 연을 날리고 있었다. 보통 때와 다른 점은 실 대신 특별히 주문한 얇은 철사로 연을 날리고 있다는 것이다. 그는 벼락의 정체에 대해 알고 싶었다. 위험한 일이라며 다른 사람들은 말렸지만, 번개가 전기의 일종임을 그는 꼭 확인하고 싶었다. 게다가 얼마 전에는 네덜란드에서 정전기를 담아둘 수 있는 라이덴 병이 발명되었다. 이 병에 전기를 담을 수 있다면 번개도 단순한 전기현상임을 증명할 수 있는 것이다.

 프랭클린은 철사를 잡고 있으면 자신도 감전될 수 있음을 예상하고, 철사와 실을 묶고 자신은 실을 잡고 있었다. 철사 끝부분에는 라이덴 병을 연결했다.

 드디어 번개가 쳤다. 심장은 망치질하듯이 마구 움직였다. 그가 라이덴 병에 쇳조각을 갖다댄 순간 번쩍하는 전기 불꽃이 튀었다. 그는 매우 기뻤다. 번개가 전기현상의 일종임을 증명해낸 것이다.

 그러나 그 기쁨은 오래가지 못했다. 프랭클린의 실험이 성공했다는 소문을 듣고 사람들이 앞다투어 그를 따라하기 시작하였고, 그

여기선 이렇게 충전할 수밖에 없어요, 걱정하지 마 그렇게 위험하진 않으니까……

중 몇 명은 번개에 감전되어 죽었다.

| 정전기 유도 |

1. 전기를 띤 물체가 도체 가까이 다가가면 도체 내의 전자가 이동하는 현상
2. 대전체 가까운 곳은 반대 전하가, 대전체와 먼곳은 같은 전하가 생성된다.
3. 대전체를 치우면 다시 원래의 상태로 되돌아온다.

금속을 이루는 자유전자들은 주위 영향에 쉽게 이끌려 다닌다. 아래와 같이 중성의 도체막대가 있다고 하자. (−)로 대전된 유리막대를 가까이 가져가면 어떤 일이 벌어질까?

도체 내의 전자는 가까이 다가온 유리막대의 (−) 전하에 밀려 먼

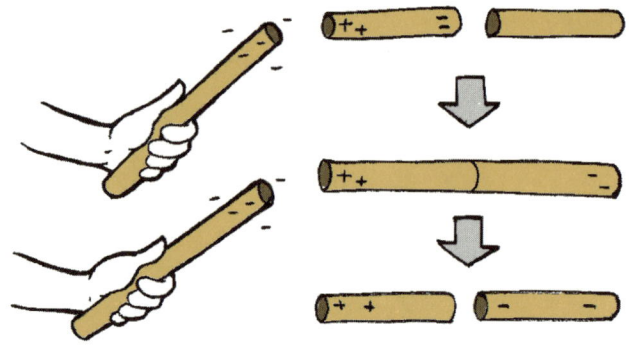

곳으로 쫓겨난다. 결과적으로 유리막대에서 가까운 곳은 (+) 전기를, 먼곳은 (-) 전기를 띤다. 도체는 마치 외부의 압력에 의해 분열되는 모습을 보인다.

위의 그림을 자세히 살펴보자. 대전된 도체에 중성인 막대가 접촉하여 (-)전하를 더 멀리 보내버렸다. 이처럼 정전기 유도를 이용하여 두 도체가 서로 다른 전기를 띠게 만들 수도 있다.

생각 넓히기

1 피뢰침은 번개로부터 건물을 보호하는 역할을 한다. 피뢰침도 프랭클린이 발명한 것이다. 번개가 전기현상의 일종임을 확신한 그는 전기가 잘 통할 수 있는 뒷골목을 마련해주었다. 피뢰침의 끝부분은 뾰족한 금속으로 이루어져 있는데, 정전기유도

가 일어나기 쉽게 한 것이다. 눈에 보이지 않아도, 피뢰침의 끝부분과 구름 사이는 작은 방전이 계속 일어난다. 피뢰침은 번개를 방지하는 역할도 하는 것이다. 만약 매우 큰 번개가 내리친다면, 피뢰침과 연결된 전선을 타고 땅속으로 전기가 퍼져나가도록 되어 있다. 이처럼 과학지식을 활용해 아주 간단한 장치로 인명과 재산을 보호할 수 있다.

2 | 중학교 과학시간에 보았던 검전병에서도 정전기 유도현상을 관찰할 수 있다. 검전병 위쪽은 큰 원판이고, 아래쪽은 한 쌍의 아주 얇은 알루미늄 박으로 이루어져 있다. 이 검전기의 위쪽 판에 대전된 물체(대전체)를 가까이 하면, 대전체와 가까운 위쪽 금속판에는 반대 전하가, 대전체와 먼 아래쪽 알루미늄 박은 같은 종류의 전하로 나누어진다. 아래쪽 알루미늄 박은 상당히 유연하기 때문에, 모인 (+) 전하끼리 서로 밀어내는 힘에 의해 서로 벌어진다. 이 벌어진 정도를 측정하면 대전체가 지닌 마찰 전기의 세기도 알 수 있다.

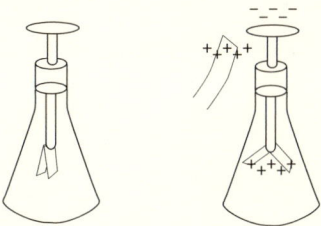

3 | 도체가 대전된 경우, 같은 극의 전하들은 서로 밀어내는 성질이 있기 때문에 전하들은 금속의 가장자리로 퍼지는 성질이 있다.

유전 분극

15

전하들은 서로의 극성에 따라 밀어내거나 당기는 힘을 나타낸다. 같은 극을 띤 전하들은 서로를 밀어내고, 서로 다른 극을 띤 전하들은 서로를 잡아당긴다. 그렇다면 전기를 띠지 않은 물질과 전기를 띤 물질 사이에는 어떤 힘이 작용할까? 머리카락에 문지른 유리막대를 종이조각에 가까이 가져가면 종이조각들이 유리막대에 끌려오는 것을 볼 수 있다. 재미있는 것은 전기를 띤 유리막대는 수돗물도 끌어당길 수 있다. 이 결과에 따르면 전기를 띤 물질과 전기를 띠지 않은 물질 사이에는 잡아당기는 힘이 생기는 것 같은데, 그 이유는 무엇일까?

| 유전 분극 |
외부 영향에 의해, 원자나 분자가 전기적으로 한쪽으로 치우치는 현상

종이를 포함한 모든 물질은 원자로 이루어져 있다. 전기적으로 중성인 원자는 원자핵의 (+) 전하량과 전자의 (−)전하량이 서로 상쇄되

기 때문에 외부에서는 전기를 띠지 않는 것처럼 보인다. 전기적으로 중성인 종이 옆에 전기를 띠는 물질을 가까이 가져가면 원자 내부에 동요가 일어난다. 즉, 원자의 외곽을 구성하는 전자들이 한쪽으로 치우친다.

원래 전기적인 성질을 띠지 않던 종이는, 주변에 (-) 전기를 띤 유리막대가 가까이 오면서 전기적으로 극성이 분리되는 분극현상이 일어난다. 정전기 유도에서 '유도'라는 뜻은 이처럼 '주변의 영향에 이끌린다'는 뜻이다.

그러면 수돗물이 휘어진 이유는 무엇일까? 이 현상을 이해하기 위해서는 우선 물을 이루는 물분자의 구조를 알아야 한다. 물은 수많은 물분자들이 모인 것이다. 물분자 한 개는 두 개의 수소 원자와 한 개의 산소 원자로 이루어져 있다. 물분자의 구조를 자세히 살펴보면, 가운데 산소 원자가 있고, 양 옆구리에 두 개의 수소원자가 배치되어 있다. 그런데, 수소원자는 산소원자를 사이에 두고 양끝에 위치한 것이 아니라, 약간 굽은 형태를 띤다.

안정된 물분자의 경우, 수소 원자는 가지고 있던 전자를 산소에게 뺏기는 경우가 많다. 수소 원자와 산소 원자가 전자를 일정 부분 공유하지만, 산소가 수소의 전자를 점유하는 시간이 많은 것이다. 이에 따라 물분자는 수소 쪽이 (+), 산소 쪽이 (-)전기를 띠게 된다. 물분자를 이루는 수소와 산소의 전기적 성질 때문에 물분자는 그 자체로 전기적으로 극이 나누어진(분극화된) 성질을 띠게 된다.

연속성—흡혈귀에게 물린 자는 역시 흡혈귀가 된다.

이처럼 전기적으로 분극화된 형태를 쌍극자라고 부른다. 쌍극자들은 항상 전기적 성질을 띠고 있기 때문에, 서로 잘 달라붙는 성질이 있다. 떨어지는 물방울이 방울방울 지는 것은 이 때문이다. 실제로 물은 우리가 생각하는 것보다 꽤 끈적끈적한 액체이다.

생각 넓히기

큰 자석이 작은 클립들을 끌어당기는 이유도 유도현상으로 설명할 수 있다(정전기 유도는 아니지만…). 원래 클립은 자석이 아니지만, 큰 자석 옆에서는 그 영향을 받아 꼬마자석처럼 행동한다. 큰 자석에 줄줄이 달린 클립은 또 다른 꼬마자석이 되어 다른 클립을 끌어들일 수 있다. 하지만 자기력의 세기가 급격히 약해지기 때문에 클립을 무한정 끌어다 붙일 수는 없다.

Physics

16

전류

전기에는 두 가지 종류가 있다. 하나는 정전기이고, 다른 하나는 전류이다. 정전기는 말 그대로 정지한 전기를 말한다. 서로 다른 두 물체를 마찰하면 정전기가 생기는데, 전하는 이동하지 않고 자기 자리를 지킨다. 그러나 사실 도체에서의 정전기 유도처럼 약간 이동하는 경우도 있다.

전하들이 일정한 방향으로 흐르기 시작하면 전류라고 부른다. 전하들이 움직이면 자기장과 열이 발생하는 등 여러 가지 현상들이 발생한다.

1 • 전류란?

앞서 말했듯이, 전하의 흐름을 전류라고 한다. 건전지와 꼬마전구로 구성된 간단한 전기 회로에서 전류는 건전지의 (+)극에서 나와 (-)로 흘러간다. 하지만, 실제로는 (-)극에서 전자가 나와서 (+)방향으로 흘러가는 것이다.

헷갈린다고? 필자도 그 마음 충분히 이해한다. 전기에 대해 잘 몰

랬던 옛날에 사람들은 (+)극에서 (-)극으로 무엇인가 흘러가는 것 같아서, 그냥 그렇게 정해버렸던 것이다. 하지만 나중에 과학자들이 면밀하게 실험한 결과, 실제로 이동하는 것은 (-)극에서 튀어나온 전자였다. 전자의 실체는 19세기 말 크룩스, 톰슨 등이 음극선 실험을 통해 발견했다.

2. 전류의 단위는?

전류의 단위는 A(암페어)이다. 1A는 도선의 한 단면을 1초 동안 1C(쿨롱)의 전하가 통과할 때 전류의 세기이다. 1C은 6.25×10^{18}개의 양전하가 가지는 전하량이라는 것은 앞서 배웠다. 기억이 잘 안 나면 다시 한번 살펴보자.

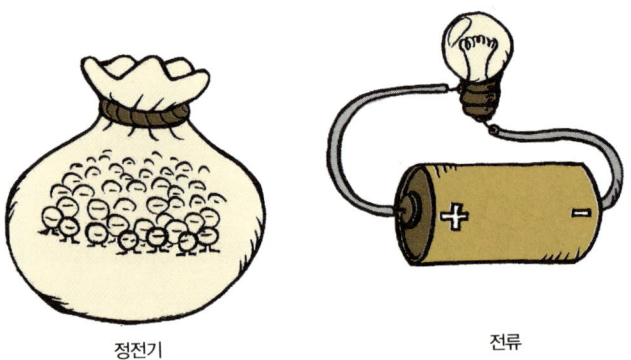

정전기   전류

3 • 전류가 흐르는 속도는?

전등의 스위치를 올리면 곧바로 불이 들어온다. 이런 경험에 비추어 전류가 매우 빠르게 흐른다고 생각하기 쉬운데, 사실은 그렇지 않다. 예를 들어, 건전지와 꼬마전구로 이루어진 전기회로에서 전류는 굼벵이가 기어가는 것보다 더 느리다.

이해가 되지 않으면 아래 글을 잘 읽어보도록!

> 금속으로 이루어진 도선 내부에는 이미 자유전자들로 가득 채워져 있다. 이러한 도선으로 건전지와 꼬마전구를 연결하면 바로 꼬마전구에 불이 들어온다. 이것은 건전지의 (−)극에서 출발한 전자들이 꼬마전구에 도착했기 때문이 아니라, 꼬마전구 바로 앞에 있던 자유전자가 꼬마전구를 통과하면서 일을 한 것이다. 실제로 건전지의 (−)극에서 출발한 전자가 꼬마전구에 도착하기 위해서는 몇 시간이 걸리는 여행을 해야 한다.
>
> 이처럼 도선 내부는 텅 비어 있는 것이 아니라, 자유전자들로 꽉 차 있고, 언제든지 흐를 준비가 되어 있다. 기차로 비유하자면 철길을 따라 기차들이 꽉 찬 상태이다. 따라서 전기회로가 연결되었다는 정보는 매우 빠른 속도로 전파되지만, 그렇다고 그 흐름까지 매우 빠른 것은 아니다.

| 전류 |

양전하의 흐름

조각을 움직이면, 구멍이 움직이는 것처럼 보인다. 하지만 구멍은 없다.

| 전류의 단위 |

A(암페어)

$$1A = \frac{1C}{1초} = \frac{6.25 \times 10^{18} 개의 전자}{1초}$$

생각 넓히기

1 | 앞서 우리는 전류와 전자의 흐르는 방향이 반대라고 배웠다. 그렇다면 (+)와 (−)를 아예 바꾸어버리는 것이 옳지 않았을까?

결론부터 얘기하면 바꿀 수 없었다고 전해진다. 전자의 실체가 밝혀지기 전에 이미

전 세계적으로 전기를 이용한 기계와 기술들이 보급되었기 때문에 대혼란을 우려한 나머지 바꾸지 않았다. 여기서 우리는 올바른 과학적 개념을 세우기가 얼마나 어려운가, 또 그것을 바꾸기는 더욱더 어렵다는 것을 깨닫게 된다.

2 | 아까부터 계속 '양전하'라는 단어를 사용하던데, 실제로 양전하라는 게 있을까?

없다. 양전하는 전자의 반대 전하를 띠는 전기 입자를 가리킨다. 전류의 정체가 밝혀지기 전 사용했던 개념인데, 전류의 실체가 허구인 이상 양전하도 존재하지 않는다. 하지만, 모든 부호가 뒤바뀐 전기 세상을 논리적으로 짜맞추기 위해 아직도 살아남아 있다. 전류의 흐름이 논리적으로 살아 있는 이상, 양전하도 계속 살아 남을 것이다.

전압

Physics 17

도선 내 자유전자는 스스로 움직일 수 없다. 물이 위에서 아래로 압력(높이)차가 있어야 흐를 수 있는 것처럼, 도선에 전류가 흐르기 위해서는 도선 양끝에 전위차가 있어야 한다.

머리를 빗을 때, '빠지직' 하는 마찰전기 현상을 경험할 수 있다. 이 현상은 처음부터 나타나지는 않는다. 머리를 어느 정도 빗은 후부터 '빠지직' 하는 소리가 나는 것으로 보아, 방전이 일어나기 위해서는 어느 정도 정전기가 쌓여야 함을 알 수 있다. 머리빗이 어느 정도 내려간 다음, 전하량의 불균형이 심해지면 순간적으로 방전이 일어나면서 빛과 소리가 발생한다.

일반적으로 마찰로 생긴 정전기는 순식간에 방전되어 사라져버린다. 잠시 번쩍하고는 영원히 침묵하는 것이다. 19세기의 과학자들은 잠시 번쩍할 뿐인 전기 불꽃을 꾸준하게 빛나는 불빛으로 만들고 싶었다. 그러면 컴컴한 길거리가 환해질 수 있을 것이다. 과연 그들이 만든 것은 무엇일까?

| 전압 |

회로에 전류를 흐르게 하는 능력, 단위는 V(볼트)이다.

| 건전지 |

전압을 일정하게 유지하는 장치

회로에 전류가 계속 흐르기 위해서는 일정한 전압이 유지되어야 한다. 전압 차이가 없다면 전류가 흐르지 못한다. 이것은 물 저장탱크의 수위가 같아지면 물이 흐르지 않는 것과 비슷하다. 건전지는 일정한 전압을 계속 유지시켜 주는데, 펌프가 물탱크의 높이 차이를 일정하게 유지시키는 것과 비슷하다.

19세기, 발전소가 세워지기 전 거리의 가로등에는 가스등을 사용했다. 도시 전체에 연결된 관에 석탄가스를 공급해 불을 켜서 밤거리를 밝혔다. 전등처럼 전원만 연결하면 스스로 켜지는 것이 아니었기 때문에 누군가가 일일이 돌아다니면서 가스등에 불을 붙여야 했다.

 발명왕으로 알려진 토머스 에디슨은 1882년 세계 최초의 중앙발전소와 전등회사를 설립하였다. 발전소를 세운 이유는 간단하다. 에디슨이 발명한 전구 때문이었다. 전구의 보급을 위해서는 꾸준하고 지속적인 전기에너지의 공급이 반드시 필요했던 것이다. 그후부터 거리의 가스등은 전구로 급속히 교체되었다.

뭐 대단한 기술은 아닙니다, 에디슨 씨.
– 마법으로 불을 켜는 마법사 덤블도어

생각 넓히기

1 '힘 세고 오래 가는 건전지'의 과학적인 의미는 무엇일까? 힘 세다는 뜻은 내부 저항이 작아서 큰 전류를 흘릴 수 있다는 뜻이고, 오래 간다는 것은 일정한 전압을 계속 유지한다는 뜻이다.

2 건전지에는 여러 종류가 있다. 휴대성이 강조되는 휴대폰, MP3플레이어는 작으면서도 에너지밀도가 큰 알칼리전지와 리튬이온전지가 사용된다. 자동차에는 큰 납

축전지가 사용되는데, 이것은 무겁더라도 전류공급이 많이 필요하기 때문이다.

　가정용 전원은 220V로, 일반적인 건전지에 비해 공급전압이 매우 크다. 가정용 전원은 건전지에 비해 큰 전력을 사용하는 기계들이 많기 때문에, 전력 수송의 효율성을 좋게 하기 위한 것이다.

3 | 일반적인 건전지 1개의 전압은 1.5V이다. 이보다 높은 전압을 얻기 위해서는 건전지를 한 줄로(직렬로) 연결하여 사용한다. 건전지를 많이 연결하면 연결할수록 전압도 높아진다. 건전지를 n개 연결하면 전체 전압은 1.5 × n(V)가 된다.

저항

Physics 18

꼬마전구와 건전지로 이루어진 간단한 회로를 생각해보자. 만약 꼬마전구를 없애고 건전지의 (+)와 (-)를 곧바로 연결하면 어떤 일이 벌어질까?

건전지의 (+)와 (-)를 곧장 도선으로 연결하면, 아주 큰 전류가 흐르게 되고, 건전지와 도선이 뜨거워진다('합선'되었다고 한다). 이것은 마치 담겨 있는 물을 한꺼번에 쏟아붓는 것과 같다. 가정용 220V

전원이 합선된 경우는 불꽃이 발생하고 불이 나기도 한다. 꼬마전구는 불을 밝히는 것 외에, 전류가 한꺼번에 많이 흐르지 않도록 제한하기도 한다. 이렇게 전류의 흐름을 제한하는 성질을 '저항'이라고 한다.

| 저항 |
전류의 흐름을 제한하는 성질, 단위로는 Ω(옴, Ohm)을 사용한다.

대부분의 금속은 전기를 아주 잘 통한다. 전류를 가장 잘 통과시키는 물질은 '은(silver)'이다. 그 다음은 '구리' 정도이다. 현재 전봇대의 전선은 구리로 되어 있다. 만약 전선을 은으로 만든다면 아주 효율이 좋은 전선이 될 것이다.

현재와 같이 구리로 되어 있는 전선은 발전소에서 보내주는 전기에너지의 약 10% 정도를 열에너지로 날려버린다. 물론 구리 대신 은을 사용하면 에너지 낭비가 줄어들 수 있다. 하지만 전선을 잘라가려는 좀도둑이 활개를 칠지도 모른다.

금속 중에서 저항이 큰 물질로는 니크롬과 같은 합금이 있다. 이처럼 여러 가지 금속을 섞으면 저항값이 커진다.

숯은 비금속이면서 전기를 꽤 잘 통하는 물질이지만 저항값은 큰 편이다. 현재 가전제품에서 사용하는 저항은 탄소에 코팅처리를 한 탄소피막저항이다.

"요구사항을 들어주지 않는다면, 이 철사를 놔버리겠다!!"
- 무서운 까치들의 협상방식

그러면, 저항의 길이와 단면적은 저항값에 어떤 영향을 미칠까? 물이 흐르는 모형에서 저항을 다시 한번 생각해 보자.

저항의 단면적이 2배가 되면 저항은 2배로 약해진다. 즉 전류가 2배로 흐르기 쉬워지는 것이다. 반대로 길이가 2배가 되면 저항은 2배로 커진다. 정리하면, 어떤 물체의 저항은 저항 물질의 길이에 비례하고, 단면적에 반비례한다.

$$저항 \propto \frac{길이}{단면적}$$

생각 넓히기

1 전봇대 전선에 전류가 흐를 때, 가까이 있는 전선끼리는 통하지 않는다. 이것은 전봇대 자체가 전기저항이 매우 큰 물질로 이루어졌기 때문이다. 그래서 전력 수용가까지 먼 길을 돌아와야만 한다.

2 에디슨이 처음 발전소를 세운 후 문제가 생겼다. 발전소 가까운 곳의 전구는 매우 밝은데 비해, 발전소에서 5km 정도 떨어진 곳의 전구는 어두웠기 때문이다. 에디슨은 이 때문에 가입자들의 불만을 사기도 했다. 에디슨은 전선의 저항을 계산에 넣지 못했던 것이다. 요즈음은, 집 앞의 전봇대까지 높은 전압으로 송전한다(약 22900V). 그 다음, 전봇대에 매달린 변압기에서 정확히 220V로 변환하여 가입자에게 보내준다. 따라서 전국 어느 가정에서나 정확한 220V 전압을 사용할 수 있다.

3 필자가 초등학교 시절, 뉴스에서는 전봇대에 올라갔다가 감전되어 죽은 사람의 이야기가 자주 나왔다. 못 먹고 못 살던 어린 시절, 호기심 많은 어린 학생들이 전봇대 꼭대기의 새둥지에 새알을 꺼내 먹으려다가 전선을 잘못 만져 죽는 경우가 많았다.

그런데 신기하게도, 새들은 전선에 앉아도 전혀 영향을 받지 않는 것처럼 보인다. 전선에 앉은 참새들이 타죽으면 어떻게 될까? 전봇대 밑에서 입만 벌리면 참새구이가 입으로 떨어질까?

그러면, 아래 보기 중 감전될 위험이 있는 경우를 골라보자. (힌트: 감전되기 위해서

는 사람의 몸이 전류가 흐를 수 있는 통로가 되어야 한다. 참새도 마찬가지!)

① 참새가 전선 양쪽에 다리를 벌리고 앉아 있다.
② 참새가 전선 한쪽에 앉아 있다.
③ 사람이 점프를 하여 전선에 매달려 있다.
④ 사람이 전선을 잡으려고 한다.
⑤ 사람이 점프를 하여 한 손으로 전선을 잡았다.

답:
① 참새의 몸을 통해 전류가 흐른다. → 감전
② 전류는 저항이 큰 참새의 몸을 통과하려 하지 않을 것이다. → 안전
③ 전류는 저항이 큰 사람의 몸을 통과하려 하지 않을 것이다. → 안전
④ 전류는 사람의 몸을 통과하여 땅속으로 전파된다. → 감전
⑤ 한쪽이 막힌 길이므로, 전류가 흐르지 못한다. → 안전

4 아직도 기술자들은 까치집을 철거하기 위해 전봇대에 올라간다. 까치들은 집을 짓기 위해, 지푸라기부터 철사까지 별난 물건을 다 집어온다. 물에 젖은 지푸라기는 전기를 약간 통하기 때문에 합선이 일어날 수 있다. 까치가 집어온 철사는 아주 치명적이다. 철사가 전선 양쪽에 걸쳐진다면, 매우 큰 전류가 흐르고, 변전소의 기기들이 망가지며, 심하면 도시 전체가 암흑에 빠질 수도 있다.

Physics

19 옴의 법칙

전기회로에 큰 전류가 흐르게 하려면 어떻게 하면 될까? 1826년 독일 과학자 옴(G. S. Ohm)은 전압–전류–저항의 관계를 간단한 식으로 만들었다.

1 • 전압을 높이면 큰 전류가 흐른다. 전압은 전류를 흐르게 하는 능력이므로, 전압을 높인다면 당연히 큰 전류가 흐를 것이다. 이것은 다음과 같이 표현할 수 있다.

$$전류 \propto 전압$$

2 • 저항은 전류의 흐름을 제한하는 성질이므로, 저항이 줄어든다면, 전류가 더 잘 흐를 것이다.

$$전류 \propto \frac{1}{저항}$$

3•결과적으로 앞의 두 식은 다음과 같이 합칠 수 있다.

$$전류 \propto \frac{전압}{저항}$$

전류의 단위를 A(암페어), 전압은 V(볼트), 저항을 Ω(옴)으로 사용하면 비례상수는 1이 되기 때문에, 비례기호 '∝'는 등호 '='로 바뀐다.

어떤 회로에 걸린 전압을 V, 흐르는 전류를 I, 회로 전체의 저항을 R이라고 하면 다음의 조건이 성립된다.

| 옴의 법칙 |
전압(V) = 전류(A) × 저항(Ω)
    V = I × R

위의 공식은 외워두면 좋을 것이다. 물론, 이해했다면 더 좋다. 아래와 같이 옴의 법칙으로 도선에 흐르는 전류의 양을 계산할 수 있다.

$$전압 = 전류 \times 저항 \ (V=IR)$$
$$1V = 1A \times 1Ω$$
$$24V = 6A \times 4Ω$$

$$1.5V = 0.15A \times 10\,\Omega$$

생각 넓히기

1 사람의 몸은 저항이 크기 때문에 전류가 잘 흐르지 못한다. 소금물에 젖었을 때 몸의 저항은 약 $1000\,\Omega$이고 마른 손바닥의 엄지와 검지 사이는 약 $100000\,\Omega$ 정도가 된다. 20V 이상의 큰 전압이 인체에 걸린다면 큰 전류가 흐를 수 있기 때문에 매우 위험하다.

땀이 밴 손은 소금물에 의해 저항값이 매우 낮아지므로, 큰 전류가 흐를 수 있다. 이 때문에 젖은 손으로 헤어 드라이어를 만지는 것은 매우 위험하다.

2 전구는 저항이 작을수록 밝게 빛난다. 저항이 작을수록 큰 전류가 흐르기 때문이다.

3 녹슨 금속은 저항이 높아져서 전기를 잘 통하지 않는다. 때문에 음질을 중요시하는 고급 오디오의 접촉 단자는 금도금이 되어 있다. 금은 녹슬지 않기 때문이다. 칼로 긁어보면 금가루가 떨어져 나온다. 하지만 매우 얇게 코팅되어 있기 때문에 그 양은 매우 적다. 표면의 부식만 방지하면 되기 때문이다.

4 매우 긴 전선에 전구를 연결해 콘센트에 꽂았다. 대부분의 저항은 어디에 있을

까? 긴 도선이 아닐까? 정답은 바로 전구이다. 실제로, 전구의 저항은 약 10Ω 에서 1000Ω 사이의 값을 가진다. 반면 도선은 저항이 거의 '0'에 가깝다. 도선은 전류가 흐르는 길의 역할에 충실할 뿐이다.

대부분의 전기 저항은 전구에 있고, 전구 저항값에 따라서 전체 전류의 흐름이 좌지우지된다. 다시 한번 강조하지만 도선은 그저 '길' 일 뿐이다.

Physics

20 전기회로와 전력

전기회로에 전자가 흘러가기 위해서는 도선에 잘린 부분이 없어야 한다. 건전지로 꼬마전구를 밝히는 간단한 회로가 아닌 이상, 대부분의 전기회로에는 전기소자가 한 개 이상 사용되고, 이들 전기소자는 직렬 또는 병렬 연결되어 있다. 라디오를 뜯어보더라도 아주 복잡한 회로가 얽혀 있는 것을 볼 수 있다.

전기소자가 얽힌 회로도를 그릴 때는 전기기호를 이용하여 간단하게 표현한다. 다음은 전기기호의 예이다.

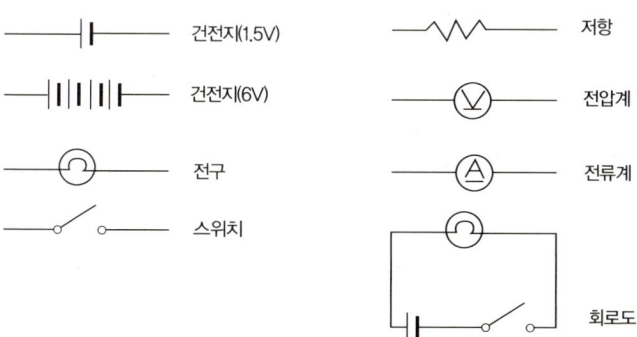

그럼, 전기회로는 이쯤에서 끝내고 전력에 대해 알아보자.

전류는 전기회로 내에서 일을 한다. 도선의 저항은 '0'에 가깝기 때문에 전류가 도선에서 하는 일은 거의 없다. 대부분의 전기에너지는 꼬마전구처럼 저항이 '0'이 아닌 전기소자에서 주로 소비한다. 건전지는 전기에너지를 공급하고, 공급된 에너지는 꼬마전구가 빛과 열로 변환하여 밖으로 내보낸다.

전구가 얼마나 밝을까는 소모된 전기에너지의 양을 계산하면 알 수 있다. 전기회로에서 단위 시간당 소모한 에너지는 전기회로에 흐르는 전압과 전류를 곱해 구한다. 이 값을 전력이라고 한다. 소비전력이 크다면 꼬마전구는 매우 밝게 빛날 것이다.

전력(W) = 전압(V) × 전류(A)

전력의 단위는 W(와트)이다. W는 증기기관을 발명한 제임스 와트 (J. Watt)의 이름을 본딴 단위로, 역학에서의 일률(power)과 같은 단위이다. 앞으로 이 책 뒷부분에서는 전력을 다음과 같이 화살표의 넓이로 나타내기로 하자.

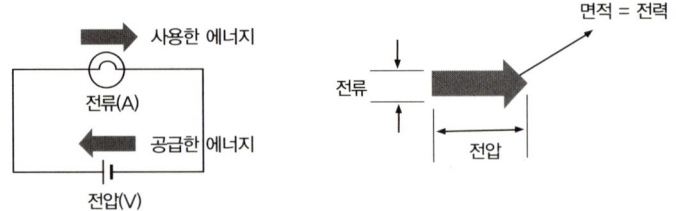

길을 넓힌다고 생산이 늘어나는 건 아니다.

생각 넓히기

1 | 같은 전구에 걸리는 전압을 2배로 높이면 어떻게 될까?

전압을 2배로 높이면 옴의 법칙에 의해 전류도 2배 커진다. 전력은 전압과 전류의 곱이므로 다음 그림과 같이 생각할 수 있다. 즉, 전력은 4배가 되어 전구는 4배나 에너지를 많이 소비한다. 따라서 전구는 매우 밝을 것이다. 만약 전구가 높은 열을 견디지 못한다면 필라멘트가 끊어질 것이다.

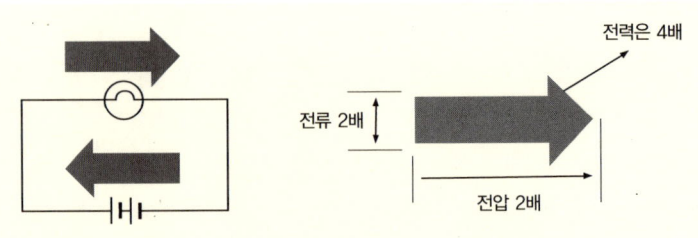

2 | 병렬 연결된 전구의 밝기는 어떻게 될까?

전구가 병렬 연결된 경우, 전압의 크기는 변하지 않는다. 다만 병렬 연결된 전구의 수만큼 전류가 많이 흐른다. 따라서, 각각의 전구에 흐르는 전류의 세기를 단순히 더하면 전체 전류값이 나온다. 건전지가 공급한 에너지는 각각의 전구가 사용한 에너지의 합이 된다.

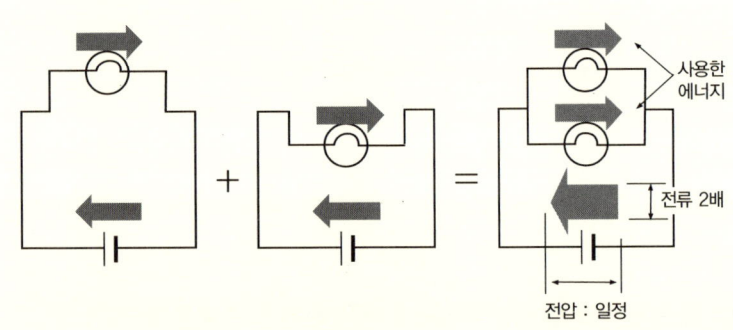

즉, 개별적인 전구의 밝기는 변하지 않는다. 다만 전구의 수만큼 전류가 많이 소모되므로 건전지 수명은 짧아질 것이다.

Physics

21

직렬회로

아래와 같은 두 회로가 있다. 하나는 전구가 병렬 연결된 회로이고, 다른 하나는 직렬 연결된 회로이다. 그러면 전구가 더 밝은 회로는 어느 것일까? 또 전력소비는 어느 정도일까?

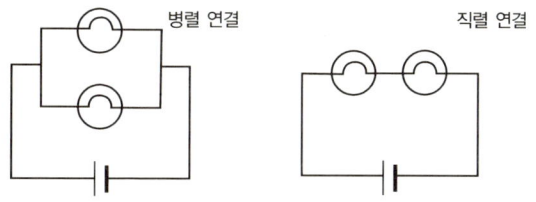

답 : 병렬 연결된 회로의 전구가 더 밝다. 왜 그런지는 찬찬히 살펴보자.

직렬 연결은 아래와 같이 두 개 이상의 전기 소자를 한 줄로 연결한 것이다. 전구 대신 저항이 연결된 회로라고 생각하자.

직렬 연결된 두 저항의 합성값은 두 저항의 값을 더한 것과 같다.

10Ω + 10Ω = 20Ω

따라서, 저항이 한 개만 연결된 경우에 비해, 직렬 연결된 회로의 전체 전류는 감소한다. 전지의 공급 전압은 일정하므로, 단위시간당 공급되는 에너지는 1/2로 줄어든다.

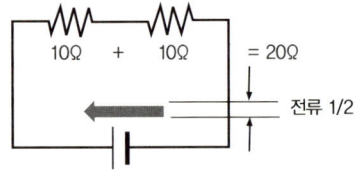

그러면, 각 저항에 걸린 전압은 어떻게 될까? 직렬 연결에서 전체 전압은 저항의 개수만큼 나누어져 걸린다.

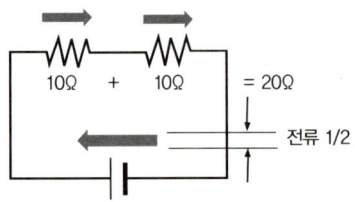

따라서 전류가 1/2로 줄어들고, 전압도 1/2로 줄어들어, 결과적으로 소비전력은 1/4로 줄어든다. 이것은 저항에서 열이 덜 발생한다는 뜻이다. 저항 대신 꼬마전구라면 매우 어두울 것이다.

	병렬 연결	직렬 연결
회로도	전압 : 일정	전류:일정 / 전류 1/2
일정한 값	전압	전류
나누어지는 값	전류	전압
합성된 저항값	$\dfrac{1}{R} = \dfrac{1}{R_1} + \dfrac{1}{R_2}$	$R = R_1 + R_2$

그에 비해, 병렬 연결의 경우는 전구 개수에 관계 없이 밝기는 동일하다. 따라서 소비전력의 차이는, 병렬 : 직렬 = 4 : 1이 된다.

생각 넓히기

1 | 가정용 220V 전기 콘센트의 각 단자는 병렬 연결되어 있다. 따라서 어디를 꽂아

도대체 누구야? 너희 중 하나가 분명하다구!
- 직렬 연결은 회로의 이상부위를 찾기 어렵다.

도 220V 전압을 얻을 수 있다.

2 │ 크리스마스 트리 장식용 전구는 꼬마 전구 여러 개를 직렬 연결한 것이다. 각각의 꼬마전구는 약 12V까지 견딜 수 있지만, 220V 전원을 꽂아도 전구는 터지거나 망가지지 않는다. 이는 내부적으로 꼬마전구가 20~30개씩 직렬 연결되어 있기 때문이다. 따라서 꼬마전구 하나당 겨우 6~9V의 전압밖에 걸리지 않는다.

하지만 장식용 전구의 단점도 있다. 직렬 연결된 전구들은 어느 한 전구만 끊어져도 전기 회로가 열리게 된다. 따라서 모든 전구의 불이 들어오지 않는다. 수리를 맡은 전기 기술자는 끊어진 전구를 찾기 위해 모든 전구를 이잡듯이 뒤져야 한다.

Physics

22　자석과 전자석

누구나 어렸을 때, 막대자석을 가지고 재미있게 놀아본 적이 있을 것이다. 그리고 초등학교 때는 철못에 에나멜선을 감아 전자석을 만들어본 적도 있을 것이다. 이렇게 막대자석이나 전자석은 주변의 쇠붙이를 끌어당기는 성질이 있다.

한 가지 흥미있는 점은, 막대자석과 전자석은 서로가 하는 행동에 차이를 느낄 수 없다는 것이다. 그렇다면 막대자석과 전자석은 같은 원리로 작동하는 것이 아니었을까?

어떤 상자가 있다고 치자. 이 상자는 주변의 쇠붙이를 끌어당기는 성질이 있다. 그렇다면 이 상자 안에는 무엇이 들어 있을까?

막대자석? 아니면, 전자석? 정답은, '둘 중 무엇인지 알 수 없다'이다. 이것은 아인슈타인이 인용한 등가원리(Principle of equival)를 다시 한번 인용한 것이다. 즉, '밖으로 드러난 결과가 과학적으로 완전히 같다면, 내부적인 원리도 같을 것'이라는 것이다. 아인슈타인은 이 원리를 이용하여 빛이 중력장 내에서 휘어질 수 있다는 설명

을 하기도 했다.

다시 본론으로 돌아와서, 막대자석과 전자석이 보이는 행동이 같다면 그 원리도 같을 것이다. 이 점을 자세히 알아보자.

전자석은 영어로 '솔레노이드(solenoid)'라고 부른다. 에나멜선과 같은 도선이 나선모양으로 꼬인 형태가 대표적이다. 이 도선에 전류가 흐르면 주위에 자기장이 만들어진다. 자기장의 방향은 오른나사의 법칙을 따른다. 나사의 진행방향이 자기장의 방향이고, 나사의 회전방향이 전류의 방향이다. 우리가 흔히 쓰는 나사는 모두 오른나사이다.

막대자석도 같은 모양의 자기장을 만들어낸다. 전류의 흐름이 자기장을 만들어낸다면, 막대자석의 내부에도 전류가 흐를까? 해답은 막대자석을 이루는 원자에서 찾을 수 있다. 원자를 이루는 전자는 원자핵 주위에서 공전하기도 하고, 자전(스핀이라고 부른다)하기도 한다. 전자는 (-)전하를 띠고 있으므로, 전자의 움직임은 곧 전류가 되는 것이다. 즉, 원자는 작은 전자석이다.

전하의 흐름(전류)은 자기장을 만들어낸다.
전자석은 도선을 따라 전류가 흐르면서 자기장을 만들어내고,
막대자석은 원자 내 전자의 움직임에 의해 자기장이 만들어진다.

잘라도 잘라도 머리와 꼬리가 생기는 플라나리아
– 잘라도 잘라도 자석은 N극과 S극이 있다

생각 넓히기

1 | 옛날에는 자석의 N극과 S극이 따로 떨어질 수 있다고 믿었다. 그래서 많은 과학자들이 자석의 N극과 S극을 따로 떨어뜨리기 위해 무진장 노력하였다. 하지만, 아무도 성공하지 못했다. 자석을 계속 쪼개도 새로운 N극과 S극이 만들어졌기 때문이다.

2 | 아무 물질이나 영구자석이 될 수 있는 것은 아니다. 어떤 물질이 막대자석이 되

려면 특이한 원자 구조가 되어야 한다. 즉, 하나의 전자가 왼쪽으로 자전하는데, 다른 전자가 오른쪽으로 자전한다면, 서로 상쇄되어 밖으로 드러나는 효과는 없어진다. 이처럼 어떤 물질이 자석이 되기 위해서는, 원자를 이루는 전자들이 서로의 성질을 상쇄시키지 말아야 한다. 자석이 되기 적합한 물질로는 산화철, 철의 합금, 크롬, 코발트, 네오디뮴 등이 있다. 예를 들어, 철 원자들은 서로 상쇄될 수 없는 4개의 전자를 가진다.

3 | 1820년 덴마크 과학자 외르스테드(H. C. Oersted)는 이상한 발견을 했다. 강의 도중 전류가 흐르는 전선 옆에 놓아둔 나침반의 자침이 흔들린 것이다. 그 당시 사람들은 전기현상과 자기현상이 별개의 것인줄 알았기 때문에 이 현상을 매우 재미있게 받아들였다. 이후 전기와 자기현상의 상관관계를 밝히려고 과학자들이 노력했다는 것은 불을 보듯 뻔한 일이다.

4 | 전자석은 막대자석과 비교해 장점이 많다. 우선 전자석은 마음대로 통제할 수 있다. 즉, 자석이 되었다가도 바로 자석의 성질을 없애버릴 수도 있다. 이런 성질을 이용하면 무거운 쇳덩어리를 들었다 놓았다 할 수 있다. 막대자석처럼 붙어 있기만 한다면 떼어내기 곤란하지만, 전자석은 전원만 차단하면 쉽게 떨어뜨릴 수 있다. 그리고 전자석은 같은 크기의 막대자석보다 센 자기장을 만들어낼 수 있다.

Physics 23

전류와 자기장

자석을 서로 가까이하면, 당기거나 밀어내는 힘을 느낄 수 있다. 자석의 극이 같은 경우(N과 N, S와 S)는 서로 밀어내고, 자석의 극이 N극과 S극으로 다른 경우는 서로 잡아당긴다. 자석들이 서로 밀어내거나 잡아당기는 것은 자석 주변에 생성된 자기장이 상호작용을 일으키기 때문이다. 따라서, 자기장의 모양을 분석하면 이 자석들이 서로 잡아당길지 혹은 밀어낼지 알 수 있다.

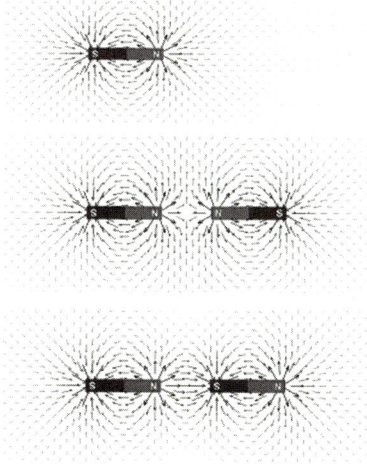

자석 1개

같은 극을 마주본 경우, 척력(밀어내는 힘)이 작용한다. 자기장을 나타내는 화살표가 맞부딪치고 있다.

서로 다른 극을 마주본 경우, 인력(잡아당기는 힘)이 작용한다. 자기장을 나타내는 화살표가 부드럽게 이어지고 있다.

자석 주변에 쇳가루를 뿌리면 자기장의 방향에 따라 쇳가루가 배열된다는 것을 알고 있다. 이 쇳가루들이 서로 마주치는 모양이면 척력, 쇳가루가 부드럽게 이어지는 모양이면 인력이 작용한다.

그렇다면, 자기장 속에 전류가 흐르는 도선이 있다면 어떤 힘을 받을까? 이것을 생각하기 전에 전류가 흐르는 도선도 역시 자기장을 만들어냄을 알고 있어야 한다. 흐르는 전류 주변에 형성되는 자기장은 오른나사의 법칙을 따른다.

전류 주변에 자기장이 형성되기 때문에, 전류 주변에 다른 자석이 있다면 두 개의 자기장은 서로에게 영향을 미친다. 말굽자석 사이의 도선에 전류가 흐른다고 하면 어떤 힘을 받을까? 자석의 자기장과 도선이 만들어낸 자기장을 합치면 어떤 모양이 될까?

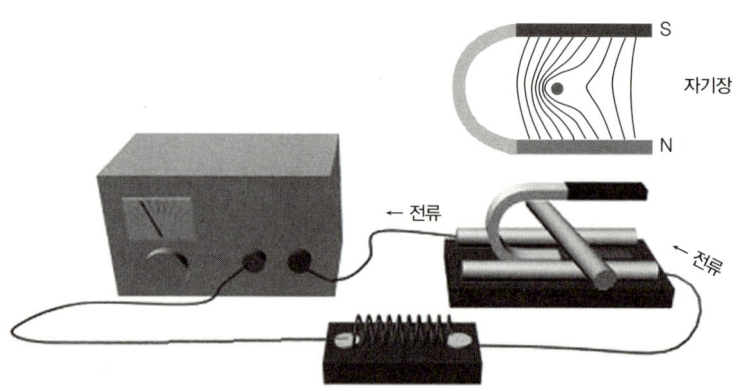

자기장의 모양이 이상하게 휘어 있다. 마치 전류가 흐르는 도선을 오른쪽으로 밀쳐내는 모습 같다. 실제로 전류가 흐르는 도선은 오른쪽으로 힘을 받는다.

그러면, 도선과 말굽자석의 자기장 모양을 분석해보자. 도선 주변에는 원형으로 돌아가는 방향의 자기장이 형성되어 있다. 그리고 말굽자석 사이에는 대체로 평행한 자기장이 형성되어 있다.

두 자기장을 합쳐보면 어떻게 될까? 도선 왼쪽에는 두 자기장이 합쳐지면서 자기력선이 촘촘히 배열된다. 반면 도선 오른쪽은 도선의 자기장과 말굽자석의 자기장이 상쇄되면서 자기장의 세기가 약해진 것을 볼 수 있다. 이런 경우, 자기장은 일직선으로 쭉 펴지려는 성질이 있다고 알아두자. 즉 도선은 오른쪽으로 움직이려는 힘을 받는다.

자석 주변에는 자기장이 형성되고, 전류가 흐르는 도선 주변에도 자기장이 형성된다. 자석 옆 도선에 전류가 흐르면 두 자기장이 상호작용을 일으켜 힘을 받는다. 힘의 방향은 두 자기장 벡터를 더하여 알아낼 수 있다.

플레밍 법칙은 거울로 컨닝하면 안된다구!!

생각 넓히기

1 | 저는 학교에서 플레밍의 오른손 법칙을 배웠습니다. 그런데 왜 여기서는 이렇게 복잡하게 접근하는 거죠? 그냥 오른손을 들고 외워버리면 편한데요?

좋은 질문이군요. 저도 중학교 시절 플레밍의 오른손 법칙을 외웠습니다. 무작정 외워서 시험을 봤던 기억이 있습니다. 플레밍의 오른손 법칙은 시험준비를 빨리 끝내는 데 도움을 줄 수는 있어도, 과학적 원리를 알려주지는 못합니다. 과학에서 말하는 법칙과 원리는 엄연히 다른 개념입니다. 계속 같은 결과가 나타난다면 법칙이라고 합니다. 즉, 예외성이 나타나지만 않으면 '법칙'이라고 부를 수 있지요. 하지만 그 안에 들

어 있는 과학적 원리에 기반한 것이 아니기 때문에 원리라고 부를 수는 없습니다.

    이 책을 기획할 때부터 법칙보다는 과학적 원리를 여러분에게 알려드리고자 했기 때문에, 조금 더 복잡하더라도 벡터의 합성으로 자기력을 접근한 것입니다. 원리는 법칙보다 상위의 개념입니다. 대체로 원리만 정확히 파악했다면, 여러 법칙과 현상을 설명할 수 있기 때문에 여러분의 뇌는 다른 사람보다 경쟁력을 더 갖추는 것입니다.

2 | 전자기력을 이용한 물건들에는 어떤 것들이 있나요?

전기의 힘을 이용하여 일을 하는 장치는 거의 모두가 해당됩니다. 시계, 선풍기, 냉장고, 에에컨, 장난감, 믹서, 지하철, 컴퓨터 냉각팬 등 무궁무진합니다. 주변에서 전동기를 활용하는 장치를 더 찾아보세요.

발전

24

대부분의 자전거에는 소형 발전기가 달려 있다. 캄캄한 밤중에 발전기를 사용하면 길이 잘 보여 좋을 수 있으나, 자전거를 타는 사람은 힘이 약간 더 든다. 자전거 페달을 돌리는 에너지의 일부분이 전기에너지로 변환되기 때문이다. 따라서 자전거의 불을 밝힌 에너지의 근본은 사람에게서 나온 것이다.

만약 자전거의 램프가 끊어진다면? 발전기가 돌아가도 힘이 별로 들지 않는 것을 느낄 수 있다. 발전기가 회전하더라도 전기에너지를 생산하지 않았기 때문에, 그냥 공회전을 한 것에 불과하다. 이렇게 에너지의 출입관계에서 자연은 매우 계산적이다. 들어간 에너지만큼 다시 나오기 때문이다. 물론 중간에 열 손실이 발생하여 결과적으로는 적자가 날 수밖에 없다.

| 발전 |

다른 에너지에서 전기에너지를 얻어내는 과정

발전기의 기본 원리는 패러데이(Faraday)와 헨리(Henry)가 발견하였다. 코일에 자석을 넣었다 뺐다 하면 도선에 전류가 흐른다. 건전지나 다른 전원장치가 필요 없이 전구를 켤 수 있다. 반대로, 자석을 고정시키고 코일을 움직여도 결과는 마찬가지이다. 즉, 발전하기 위해서는 코일 주변의 자기장만 변화시키면 된다.

재미있는 것은, 코일의 감은 수가 많을수록 더 큰 전압과 전류를 얻을 수 있지만, 자석을 움직이기 힘들다는 것이다. 마치 코일이 자석의 움직임을 방해하는 것처럼 느껴진다. 정말이지, 세상에 공짜란 없다! 더 큰 전기에너지를 얻기 위해서는 더 큰 힘으로 자석을 움직여야 하는 것이다.

자석을 상하 방향으로 움직이는 것은 기계적으로 구현하기 힘들다. 따라서 실제로 사용하는 발전기는 코일을 회전시켜 전기를 만들어낸다. 이 회전자(회전터빈)를 돌리는 힘이 무엇이냐에 따라 수력, 화력, 원자력으로 나눈다. 우리나라에서 사용하는 전기에너지의 절반 이상은 원자력발전소에서 나온다.

그렇다면, 만들어지는 전류의 방향은 어떻게 될까? 헨리의 법칙(Henry's Law)에 따르면, 발생되는 전류는 코일 주변의 자기장 변화를 상쇄시키는 방향으로 발생한다. 자석을 코일에 밀어넣으려 하면, 코일에는 자석을 다시 내뱉기 위한 전류가 흐른다. 이것이 바로 코일을 많이 감을수록 자석을 움직이기 어려운 이유이다.

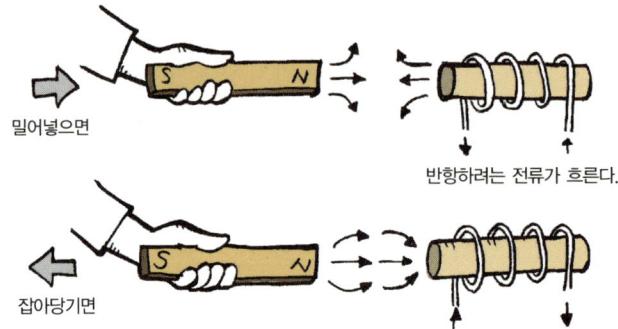

반대로, 자석을 빼려고 하면, 코일에는 자석을 빨아들이기 위한 전류가 흐른다. 따라서 자석을 넣을 때와 뺄 때 전류의 방향이 다르다. 자석을 계속 넣었다 뺐다 하면 전류의 방향이 주기적으로 뒤바뀐다.

우리가 사용하는 건전지는 (+)와 (-)가 정해져 있고 절대로 바뀌지 않는다. 이것을 직류라고 부른다. 그런데 가정용 220V 콘센트에는 극성표시가 없다. 이것은 극성이 주기적으로 바뀌기 때문이다. 이것은 교류라고 부른다.

   콘센트의 왼쪽 구멍이 (+)라고 가정하면 오른쪽 구멍은 (-)가 된다. 1/120초 후에는 반대로 왼쪽 구멍이 (-), 오른쪽 구멍이 (+)가 된다. 우리 나라는 이렇게 (+)와 (-)가 1초에 120번 바뀐다. 두 번 바뀌면 극성이 원래대로 되니까, 결과적으로 1초에 60번 (+)와 (-)

일석이조 - 헬스클럽과 발전소가 만나면?

가 뒤바뀌는 것이다. 이것은 간단하게 60Hz(헤르츠)라고 표시한다. 이웃한 일본은 50Hz를 채택하고 있다.

　가끔씩 형광등이나 네온사인에서 붕~하고 떨리는 소리를 들어봤을 것이다. 이 소리가 바로 1초에 60번 극성이 바뀌면서 전기 방전과 동시에 발생하는 60Hz의 소음이다.

생각 넓히기

1 │ 금속 표면에 빛을 쪼여주면 전자가 튀어나온다. 반도체를 이용한 태양발전기는

이 원리를 이용한 것이다. 이 발전기는 구조가 간단하기 때문에, 큰 전력을 소모하지 않는 계산기, 비상등, 공중전화 등에 이용하고 있다. 최근에는 태양열을 이용한 비행기까지 선보이고 있다.

2 석유, 석탄, 원자력을 이용한 발전은 앞으로 계속 무한하게 진행할 수 없다. 이들은 모두 유한한 자원을 소모하기 때문이다. 때문에 현재 과학자들은 태양, 풍력, 수력, 바이오, 핵융합 등 무한한 에너지 개발을 위해 노력하고 있다.

3 모터는 발전기를 돌려주고, 여기서 발생한 전류가 다시 모터를 돌려준다. 이런 식으로 서로가 서로를 움직일 수 있을까? 어떤 점이 잘못되었을까?

모터는 전기에너지를 운동에너지로 바꾼다. 이 운동에너지는 발전기가 다시 전기에너지를 만드는 데 사용한다. 이런 식으로 꼬리에 꼬리를 물어 계속 작동할 것 같지만, 에너지 전환 과정에서 반드시 손실이 발생한다. 마찰과 자기장의 누설, 전류의 열작용 등으로 에너지를 낭비한 시스템은 멈출 수밖에 없다. 실제로 이와 같은 장치를 만들어서 사람이 손으로 돌려주면 바로 멈춰서는 것을 볼 수 있다.

Physics

25　　　　　　　　　　　　　　　　운동과 열

누구나 폭포를 보면 시원함을 느낀다. 그런데 신기한 것은, 폭포의 아래쪽 물의 온도가 위쪽보다 높다는 것이다. 왜 그럴까?

지구상의 모든 물체들은 원자나 분자(입자)들로 이루어져 있다. 내가 찰흙을 던지는 것은 이러한 입자들의 집합체를 집어던지는 것이다. 그림으로 나타내면 아래와 같다.

찰흙은 분명히 운동을 하고 있다. 찰흙을 이루는 입자들은 모두 한마음이 되어 같은 방향으로 움직인다. 그런데, 이 찰흙이 벽에 부딪친다면 어떻게 될까?

찰흙이 벽에 부딪치는 순간, 입자들의 운동은 순식간에 제각각으로 변해버린다. 부딪치기 전 입자들은 같은 방향으로 운동하였으나, 부딪친 후에는 무질서하게 변한다.

이것이 바로 운동에너지가 열에너지로 변환되는 과정이다. 즉 물체의 운동이라는 것은 물체를 이루는 입자들이 모두 한쪽 방향으로 움직이는 현상을 말한다.

그리고 물체의 열이라는 것은 물체를 이루는 입자들이 무질서하게 움직이는 현상을 말한다.

찰흙을 던지기 전과 후의 온도를 재어본다면, 찰흙이 벽에 부딪친 후 온도가 증가할 것이다. 단, 온도 차이가 크게 나지 않기 때문에 온도계는 아주 정밀해야 한다.

물체의 운동−물체를 이루는 입자들이 한 방향으로 움직이는 것
물체의 열−물체를 이루는 입자들이 제각각 움직이는 것

생각 넓히기

앞에서, 폭포 아랫부분이 위쪽보다 더 따뜻하다고 하였다. 그 이유를 알아보자.

폭포는 지구의 중력을 받아 물을 아래 방향으로 운동시킨다. 다시 말해서, 지구는 물 분자를 잡아당겨 중력가속도에 의한 가속운동을 하도록 만든다.

이렇게 아래 방향으로 균일하게 움직이던 물 입자는 폭포 바닥에 이르러서 불규칙적인 운동을 하게 된다. 이것이 바로 운동에너지가 열에너지로 변환되는 과정이다. 그래서, 폭포 아래쪽은 위쪽보다 따뜻하다.

폭포는 위치에너지 → 운동에너지 → 열에너지 순서로 에너지 변환을 일으킨다. 물론, 100% 완전하게 변환되지는 않는다.

기체 분자의 속력 분포

26

Physics

꼬마가 풍선을 들고 있다. 풍선 안에는 눈에 보이지는 않지만 기체 분자들이 바글거리면서 운동하고 있다. 풍선 속을 떠도는 기체 분자들의 속력은 모두 같을까? 아니면 제각각일까?

이 의문에 답하기 전 교실을 한번 살펴보자. 학생들의 키가 모두 제각각이다. 아주 작은 학생부터, 선생님을 내려다볼 정도로 큰 학생까지 다양하다. 학생들의 키 분포를 그래프로 그려보자.

그래프는 종모양을 하고 있다. 평균값에 가장 많은 아이들이 몰려있고, 키가 아주 작거나 아주 큰 학생들은 좌우측으로 뻗어 있으며, 상대적으로 그 수가 적다. 키뿐만 아니라, 몸무게, IQ, 시력, 성적 등 여러 속성들이 위와 같은 분포를 나타낸다.

이러한 그래프모양을 정상분포곡선이라고 부른다. 이 분포곡선은 독일의 가우스(Gauss)가 자주 사용했기 때문에, 가우스 분포(Gauss-dsitribution) 혹은 정규 분포(normal distribution)라고도 한다. 자연계에서 무작위로 벌어지는 대부분의 현상들도 가우스 분포와 비슷

한 분포를 따른다.

기체의 온도가 낮으면 평균 속력이 느리다.(가끔은 빠른 입자가 생기기도 한다.)
기체의 온도가 높으면 평균 속력이 빠르다.

그러면, 다시 기체 분자의 속력 문제로 돌아오자. 풍선 속의 기체 분자들은 자유롭게 움직인다. 그런데 속력은 어떨까?
이쯤되면, 기체 분자들의 속력이 모두 같다고 말하기 어렵다. 그렇다. 기체분자의 속력은 제각각이다. 느릿느릿 움직이는 것부터 아주 빠르게 질주하는 기체분자까지 매우 다양하다.

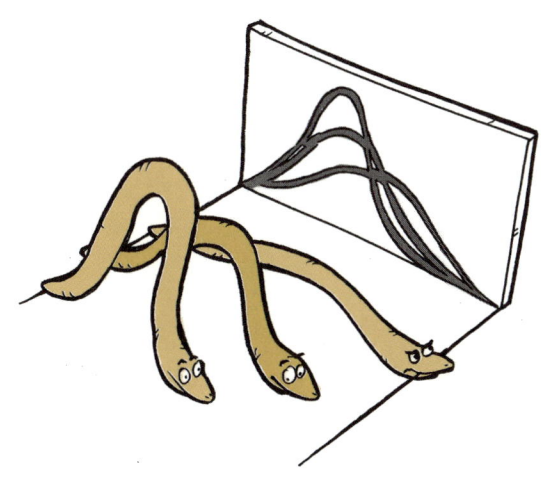

우리의 진행 모습이 뭔가 분포를 따르는 거 같지 않니?

그러면, 두 기체분자가 충돌하는 상황을 상상해보자. 공간 속을 운동하는 기체분자가 다른 분자와 충돌하면 속력과 방향이 바뀐다. 한쪽의 속력이 감소하면, 다른 한쪽의 속력은 증가한다. 단, 두 기체분자의 운동량과 운동에너지를 합치면 원래대로이다. 제한된 공간에서 진행되는 땅뺏기 놀이처럼, 기체 분자들은 속력 뺏기 놀이를 하는 것이다.

기체분자들이 계속 충돌한 결과, 제각기 다양한 속력을 가지게 된다. 이것을 분포 그래프로 그려보면 다음과 같다. 이 그래프는 맥스웰과 볼츠만이 수학적으로 완성하였기 때문에, 맥스웰-볼츠만 분포(Maxwell-Boltzmann Distribution)라고 부른다.

온도가 낮을 때, 기체분자들은 속력이 느린 쪽에 집중적으로 분포한다. 그리고 기체의 온도가 높아질수록 그래프는 옆으로 퍼진 형태가 되며, 기체의 평균 속력도 증가한다.

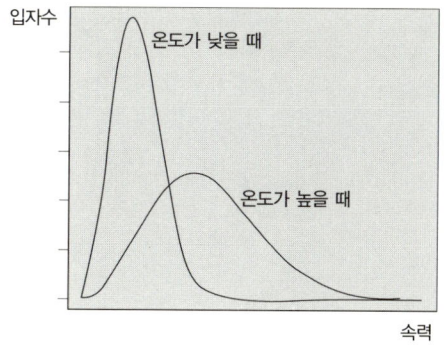

생각 넓히기

물을 그릇에 받아놓으면, 조금씩 증발하여 결국에는 말라 없어진다. 이처럼 대부분의 액체는 끓는점까지 가열하지 않아도 표면에서 증발이 일어난다. 표면의 물분자들은 계속적인 충돌을 하고 있다. 그러다 우연히 한 개의 물분자가 매우 빠른 속력을 얻어, 물 표면에서 공기중으로 튀어나갈 수 있다. 이것을 우리는 '증발'이라고 부른다.

물의 증발 : 물의 표면에서 물 분자들이 공기중으로 탈출하는 현상
물의 끓음 : 물의 표면과 내부에서 물 분자들이 공기중으로 탈출하는 현상

원자의 발견

원자를 발견한 사람은 누구일까? 1990년 미국 IBM 연구소에서는 미세한 침을 이용하여 크세논 원자들을 하나씩 옮기는 작업에 성공하였다. IBM의 눈부신 실험결과의 이면에는 그동안 살았다가 가버린 수많은 과학자들의 노력이 있었다는 것을 잊어서는 안 된다. 원자의 실체를 규명하는 데 연관된 사람을 꼽자면 두 손가락과 발가락이 모자란다. 그렇다면, 원자를 발견하는 데 얼마나 많은 사람들이 노력했는지 알아보도록 하자.

원자의 발견 과정

★ 데모크리토스(고대 그리스)–원자의 존재를 예견

★ 돌턴(영국, 1800)–원자론을 화학분야에 적용

★ 크룩스(영국, 19세기 말)–음극선관을 발명하여 전자의 각종 현상을 설명

★ 러더퍼드(영국, 1909)–원자핵의 존재를 확인

★ J. J. 톰슨(영국, 1897)–음극선관 실험을 통해 전자의 존재 확인

★ N. 보어(덴마크, 1913)–원자의 행성 가설 제기

- ★ A. N. 보어(덴마크, 1922)–원자핵의 모양 설명
- ★ 드브로이(프랑스, 1923)–전자 입자의 파동성 제기
- ★ 슈뢰딩거(오스트리아, 1926)–원자의 전자 궤도를 수학적으로 규명
- ★ 하이젠베르크(독일, 1927)–불확정성 원리를 통한 전자궤도의 안정성 설명
- ★ 리처드 파인먼(미국, 1965)–양자전자역학 연구
- ★ IBM(미국, 1990)–원자를 볼 수 있는 현미경 제작, 원자를 입자 단위로 옮기는 데 성공

그 누구도 원자의 모습을 명확히 볼 수 없었기 때문에, 원자 구조에 대한 사람들의 상상은 막막하면서도 오히려 자유로웠다.

원자에 대해 잘 모르던 시절, 원자는 마치 당구공처럼 단단한 덩어리일 것이라고 생각했다. 하지만 실제 원자는 전자와 원자핵으로 쪼개질 수 있으며, 입자가속기를 사용하면 원자핵도 쪼갤 수 있다.

약 200년 전, 원자는 마치 건포도가 붙은 머핀과 비슷할 것이라고 상상했다. 머핀 겉에 붙어 있는 건포도는 전자로 비유할 수 있다. 원자 내 양전하들은 전체 부피 내에 골고루 퍼져 있으며, 전자(건포도)들은 전하의 구(머핀) 내에서 고정점들을 중심으로 진동하는 것으로 생각되었다.

실제로 원자의 대부분이 텅 비었다는 것은 100년 전 러더퍼드가 발견하였다. 그는 얇은 금박에 헬륨 원자핵을 쏘는 실험을 하였다. 사용한 헬륨 원자핵은 금박에 비해 매우 큰 운동에너지를 가지고 있

었기 때문에 대부분이 금박을 통과하였다. 하지만 그중 몇몇 입자는 다시 튕겨 나왔다.

세밀한 계산을 거친 후, 러더퍼드는 원자의 대부분은 빈 공간이고, 원자핵은 매우 좁은 공간만을 차지한다는 결론을 얻었다. 원자의 크기가 1cm라면 원자핵이 크기는 약 1/100000000000000cm 정도이다. 러더퍼드는 다음과 같은 말을 남겼다.

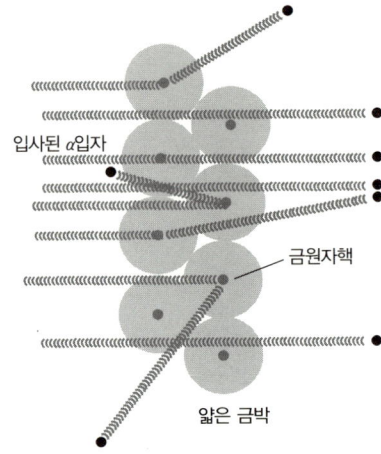

"이 결과는 나의 인생에 있어서 믿을 수 없는 대 사건이었다. 이것은 15인치 포탄을 얇은 종이에 쏘았을 때 포탄이 되튀기는 것과 마찬가지로 믿을 수 없는 것이다."

그 후, 닐스 보어는 좀더 보완된 원자 모형을 제시하였다. 보어의 원자모형은 요즘 볼 수 있는 원자모형과 많이 근접하였다. 마찰전기를 배우면서 봤던 원자모형을 다시 한번 살펴보자.

보어의 원자 모형에서 전자는 주어진 궤도를 돌고 있다. 이 모형은 전자가 원자핵 주변을 돌고 있는 모습이 마치 태양 주변을 돌고 있는 행성을 닮았기 때문에 행성모형이라고도 부른다. 물질의 기본

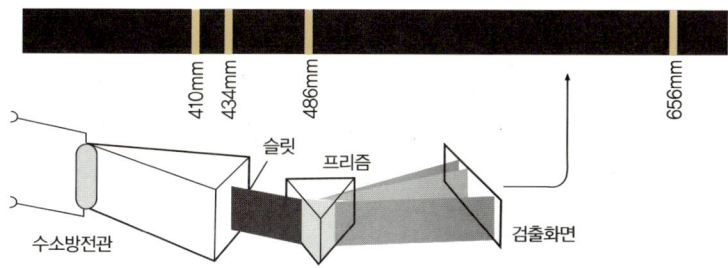

단위인 원자에서 커다란 태양계의 모습을 엿볼 수 있다는 것이 신기하게 느껴지기도 한다.

하지만, 보어의 원자모형은 두 가지 현상을 잘 설명하지 못했다. 하나는 선스펙트럼 현상이고, 다른 하나는 전자의 궤도 안정성에 관한 것이다.

선스펙트럼?
선스펙트럼에 대해 살펴보기 전에 빛이 어떻게 방출되는가에 대해 알고 있어야 한다. 빛의 방출 과정은 에너지의 방출 과정이다. 높은 준위에 있던 전자가 원자핵 가까운 곳으로 떨어지면서, 남은 에너지를 밖으로 방출하는 과정이 바로 빛의 방출 과정이다.

보어의 원자 모형에 따르면, 전자는 어떤 위치에너지든지 가질 수 있기 때문에, 방출되는 빛의 진동수도 넓은 범위에 걸쳐 골고루 방출되어야 한다. 하지만, 실제 실험은 이 원자 모형이 틀렸다는 것을

한정된 정보로 원래의 모습을 추측하기란 어려운 일이다.

증명해주었다.

수소를 넣은 방전관이나, 수은이 들어 있는 형광등에서 방출되는 불빛을 프리즘으로 분석하면 연속적이지 않은 것을 알 수 있다. 이것은 마치, 전자가 존재할 수 있는 위치가 미리 정해진 것처럼 보였다.

보어의 원자모형이 설명할 수 없는 두 번째 문제는 전자 궤도의 안정성이다. (-) 전기를 띠는 전자는 왜 (+)원자핵에 빨려들어가지 않는 것일까? 전자가 자신의 궤도에서 안정하게 있을 수 있는 요인은 무엇일까? 이에 대한 대답은 양자역학에서 찾을 수 있다. 양자역학의 도움으로 원자구조에 대한 대략적인 이해가 가능해졌다.

생각 넓히기

1 전자 궤도에는 일정한 레벨이 있어서 전자들은 이 레벨에서만 존재할 수 있다. 전자들은 어정쩡한 위치를 취하지 않는다. 이것은 사다리에 비유될 수 있다. 사다리에서 1.5칸이니 하는 소수는 존재할 수 없다. 마찬가지로 전자의 궤도도 정해진 레벨에서만 존재할 수 있다.

2 전자가 원자핵에 끌려들어가지 않는 이유는 하이젠베르크가 설명하였다. 양자역학에 따르면 입자의 위치와 운동량은 동시에 확정된 값을 가질 수 없다. 즉, 입자의 위치를 정하려고 하면 운동량을 정확히 측정할 수 없고, 운동량을 정확히 측정하려 하면 위치가 애매모호해진다.

만약, 전자가 원자핵에 끌려간다면 전자의 위치가 정해지는 것이다. 전자의 위치가 명확해짐에 따라 운동량이 불확정해지고, 이 운동량으로 원래 자리를 이탈할 수 있는 기회 또한 많아지는 것이다. 따라서 전자는 원자핵으로 결코 끌려들어갈 수 없게 된다.

게다가, 양자역학은 우리에게 전자의 위치를 확률로서만 파악하도록 하였다. 아무리 복잡한 수학을 동원하더라도 전자의 위치는 대략적으로 짐작만 할 수 있을 뿐이다.

3 드브로이와 슈뢰딩거는 파동방정식을 사용하여 원자의 전자궤도를 설명하였

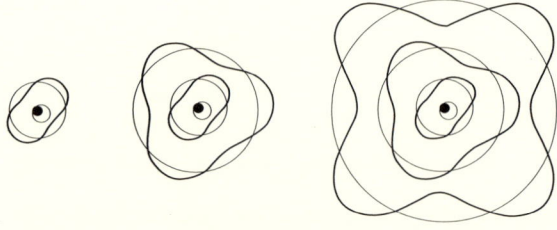

원자의 전자궤도(n= 2, 3, 4)

다. 모든 물질은 덩어리로 존재하지만, 미약하나마 파동의 성질을 같이 나타낸다. 미세한 전자의 경우는 파동의 성질이 매우 크게 나타난다. 원자 크기의 좁은 공간을 이동하는 전자는 파동의 특성 때문에 자기 자신이 만들어낸 파동과 결이 맞는 궤도에 존재해야 한다.

이에 따르면 원자의 전자궤도는 띄엄띄엄한 반지름을 가지고 있으며, 그 이유는 궤도 원둘레가 전자파동의 파장의 정수배로 주어지기 때문이다. 원소에 따라 전자파동의 파장이 다르고 궤도도 다르다. 이렇게 띄엄띄엄한 원자구조를 가지기 때문에, 원자는 다양한 빛을 방출할 수 없다.

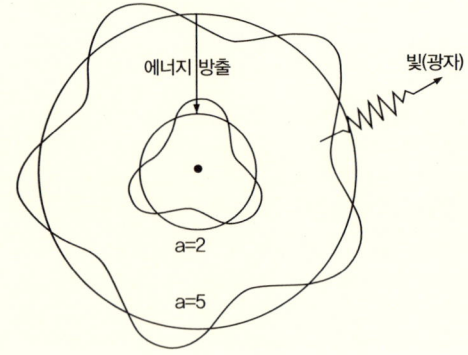

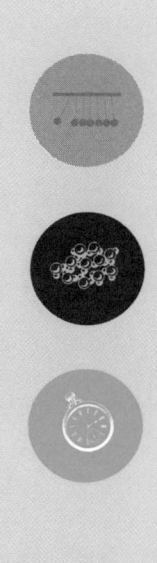

롬리
아라는
하드림

키워드로 읽는 물리 운동, 에너지 편

1판 1쇄 펴냄 2006년 8월 7일
1판 1쇄 찍음 2006년 8월 10일

펴낸곳 궁리출판

지은이 이봉우
펴낸이 이갑수
편집주간 김현숙
편집 이미경, 김남희
영업 백국현, 도진호
관리 김유미

등록 1999. 3. 29. 제300-2004-162호
주소 110-043 서울특별시 종로구 통인동 31-4 우남빌딩 2층
전화 02-734-6591~3
팩스 02-734-6554
E-mail kungree@chol.com
홈페이지 www.kungree.com

ⓒ 이봉우, 2006. Printed in Seoul, Korea.

ISBN 89-5820-069-3   03400

값 9,800원

궁리
KungRee

이웅 지음

공동, 에너지 편

하늘로 이어는 롤러

저자의 말

2005년 처음으로 알고 지내게 된 베트남인 이주여성이 있습니다. 동갑내기 친구로 통하고 있는 그녀가 결혼을 통해 미국이나 서유럽의 시민권을 얻어서 대한민국 여성으로 자리 잡았다면 그 인식이나 존중 또한 많이 달라졌을까 하는 생각을 해봅니다. 그 후 인터넷에 올린 수많은 사진들이 재미있어서 사진작가를 만나러 다닙니다, 라는 표현이 어울리게 될 만큼 많은 이주여성들을 사진에 담고 카메라로 그들의 삶에 대해 많은 이야기를 보고 듣게 되었습니다.

이, 여성들 말입니다.

한국 사회에서 낯선 이방인의 존재로 놓여지는 사진들은 낯이 없고, 세계에 대한 자신이 없는 모습으로 사람들 눈에 비춰집니다. 한편으론 이해하기 어려운 지점들 속에 그 표정을 감추고 어떤 아픔 표시를 하는지, 우리는 사람들의 아픔 표시를 보고, 어떤 공통점을 발견하고 그 속에 담긴 지리를 깨닫기 어려워하는 처지인 '말' 이 표출됩니다.

우리 이주여성들이 가족과 이웃하고 있음에도 공동체 안에서 소통하는 데 있어 많지 않은 오해들이 서로에 대한 깊은 공감에 이르게 한다면 원하는 배려들이 이루어지는 내용이 아닌가, 하는 그런 이야기를 담아 공동체 안에서 서로 다른 생각들을 중요하게 여기고 존중해야 하는 근거들이 더 많이 두터워 살면 하는 자연스런 생각이 옮겨 왔습니다. 글 앞에 때문에, 사진가 들 한번쯤 이 아무리도 생각해 볼 것입니다. 동기 들이 다른 많아도 미움에 다른 모순도 많음이 이사회하는 것 같습니다. 물론

가 쉽다고 하면 이상한 사람으로 보일지도 모릅니다. 그런데 한편에서 물리학자나 일부 학생들은 다른 과목에 비해 물리가 더 쉽다고 합니다. 왜 어떤 사람은 물리가 쉽다고 하고 어떤 사람은 어렵다고 할까요?

우리가 학교에서 배우는 물리는 그 이론적인 체계가 잘 확립된 것이기 때문에 하나의 원리를 잘 이해하면 다른 것들도 쉽게 해결할 수 있습니다. 그런데 이 원리를 이해하는 것이 어려운 사람은 물리가 어렵다고 이야기하고, 이 원리를 잘 이해한 사람은 물리가 쉽다고 생각하는 것입니다.

요즈음 재미있고 신기한 과학 실험들을 소개하는 방송 프로그램이나 책이 많이 소개되고 있습니다. '재미있는 과학'은 학생들에게 스스로 과학을 연구해보고자 하는 열정과 열의가 생기게 만드는 중요한 개념입니다. 그러나 이 책은 그런 '재미있는 과학'을 위한 것은 아닙니다.

앞에서 '아는 만큼 보인다'고 이야기했습니다. 보기에 재미있는 것은 한 편의 영화를 보듯이 빠르게 스쳐지나가는 바람 같을 수 있습니다. 바로 그 재미를 머리로 느끼고

자기 것이 되었을 때, 비로소 '진정 재미있는 과학'을 느낄 수 있을 것입니다.

이런 차원에서 이 책에서는 물리에서 다루는 기본적인 용어와 원리를 쉽게 풀어보도록 하였습니다. 우리 몸에서, 우리가 사는 집에서, 길에서, 학교에서 우리는 수많은 물리현상들을 경험하며 살아가고 있습니다. 이 책에서 이전에는 아무런 관련이 없었던 것들이 '앎'을 통해 인연을 맺어 더욱더 풍성한 재미를 느낄 수 있기를 바랍니다.

2006년 8월

이봉우

저자의 말 | 5 |

차례

01 · · 1종은 얼마나 되는 시간인가?	10
02 · · 1kg은 얼마나 사용한가?	14
03 · · 1m는 어떻게 정한 것인가?	17
04 · · 물건이 아래로 떨어지게 하는 것은 무엇가?	21
05 · · 지구의 둘레는 우리의 몸이 개발되게 가지는가?	25
06 · · 관성의 법칙, 사람도 이를 유용이 생각하는가?	29
07 · · 이동거리와 변위, 학교에서 집까지의 거리는 얼마인가?	33
08 · · 속력과 속도, 가속이는 물리는 누가 빠른가?	36
09 · · 순간속도, 물아나는 야구공에서 운동을 순으로 잡을 수 있다?	39
10 · · 가속도, 인체질리아티어의 가속도	43
11 · · 등속운동 가속도 없다	46
12 · · F=ma 가속도법칙, 뉴턴의 운동 제2법칙	49
13 · · 떨어지는 물체의 운동, 가벼운 것과 무거운 것 중 어느 것이 빨리 떨어지는가?	53
14 · · 작용 반작용의 법칙, 롤러코기에도 과학이 있다	58

15 ·· 듣기좋은 자장가는 울고 있던 아이까지 안재 땅에 떨어뜨릴까? | 62
16 ·· 공명진동은 나무에 매달린 바나나를 요동한다 | 67
17 ·· 등속운동을 방해받을 유일한 속임수로 개쁠 등느다 | 71
18 ·· 운동량보다 운동을 표현 받아나가, 충돌량 잘 지킬까요? | 75
19 ·· 돌릴 에너지, 아프리카 안에 있는 운동 종류 하는 것이 아니리? | 79
20 ·· 다가오는 날아가는 공은 에너지가 있다? | 83
21 ·· 운동에너지, 시속 100km/h 이상으로 동차하는 자는 사람출탄인가? | 87
22 ·· 양축적 에너지 유종, 동일공간에나는 에너지가 로출된다 | 90
23 ·· 빛의 자리감 레이저, 누가 봐이 빛바로 같다고 했는가? | 94
24 ·· 더나이의 법칙, 정신들 더 보기 이해하는 열이나 곧 기울이 끊일놓까? | 98
25 ·· 동틀가열하고 온도가운동, 기동을 물을 좋이자 | 101
26 ·· 물의 꿇점, 물 속에 불가가면 다리가 끓어 보이는 가득한? | 105
27 ·· 두에서이 꿇점, 고사사돋돋을 하늘 떼 시점이 좋아졌나까? | 108
28 ·· 사진기, 짐에서 이동하는 줄을 만들기 | 111
29 ·· 빛의 굴절, 빨라지는 아들기 가능할까? | 114
30 ·· 빛의 형상, 열관을 다아워 야수상하고 힘을 다어멀 없어진다 | 117

Physics

1초 1초는 얼마나 되는 시간인가?

01

철수는 화성에 도착하여 화성인을 만났다.

철수 : 내가 지구에서 출발해 화성에 도착하는 데 무려 열두 시간이나 걸렸어.

우주인 : 열두 시간? 열두 시간이 어느 정도 되는 시간인데?

철수 : 한 시간이 60분이고, 1분이 60초인 그 시간을 몰라?

우주인 : ???

우리가 미래에 우주여행을 하며 외계인을 만난다고 상상했을 때, 서로 의사소통이 가능하다고 해도 이처럼 알고 있는 내용이 다르기 때문에 제대로 대화하기는 힘들 것이다. 특히 단위는 세계적으로 통일하려는 노력을 기울여 최근에는 적어도 지구 내에서는 어느 정도 정리가 되었다고 볼 수 있다.

그렇다면 시간의 단위인 '초', '분', '시' 는 누가, 어떻게 만들었을까? 1초는 과연 얼마일까?

| 1초 |

세슘-133(Cs) 원자에서 방출된 특정 파장의 빛이 9,192,631,770번 진동하는 동안 걸리는 시간

사람은 자신의 행적을 기록하는 습관이 있다. 그런데 기록을 하기 위해서는 사건이 일어난 시간과 그 사건이 지속되는 시간을 알아야만 한다. 즉, 모든 사람이 믿을 수 있고 안정된 기준 단위가 필요하다. 시간의 경우에는 반복적으로 일어나는 어떤 현상을 기준으로 삼을 수 있다. 바로 지구의 회전이 그 기준이 될 수 있다. 그래서 하루는 24시간, 1시간은 60분, 1분은 60초이기 때문에 하루를 86,400(24×60×60)으로 나누어서 1초로 사용하였다. 그런데 지구는 자전을 하면서 동시에 태양 주위를 공전하는데, 또 공전궤도도 타원이기 때문에 자전주기가 일정하지 않다. 결국 1년 동안 평균한 값을 하루로 사용하였고, 이런 방법이 상당히 오랫동안 사용되었다. 그런데 사실 지구의 자전속도가 불규칙하기 때문에 공전을 이용하기도 하였다.

그러나 현대 과학은 좀더 정확하고 안정된 시계를 원했는데, 이를 만족시킬 만한 것이 바로 원자시계로 세슘이라는 원자(Cs-133)에서 나오는 빛을 이용하여 1초를 새로 정의하였다.

그런데 도대체 세슘 원자와 1초는 어떤 관련이 있다는 말인가? 좀더 쉽게 생각해보자. 원자 중 세슘-133이라는 것이 있는데, 이 원자 주위에는 전자가 아주 많이 있다. 이 전자들이 있는 위치에 따라서

시간을 빨리 가게 하려면 지구를 빨리 돌리면 돼.
지구의 자전속도가 시간의 척도니깐……

다른 크기의 에너지를 갖게 되는데, 이 전자가 다른 자리로 움직일 때에는 그 에너지 차이에 해당하는 에너지를 내보내게 되고 이는 특정 파장의 빛으로 나타난다. 바로 이 빛의 주기에 9,192,631,770배를 곱한 시간을 1초로 정의한 것이다.

원자시계는 아주 정확하지만, 우리가 사용하는 손목시계도 정확하다. 어떻게 해서 그 작은 시계가 정확하게 시간을 맞출 수 있을까? 작은 시계 속에 지구의 자전과 공전을 분석하는 기계라도 들어 있을까? 허무하게도 그 비밀은 바로 시계마다 밑에 써 있는 'quartz'라는 글로부터 알 수 있다. 이 '쿼츠'는 바로 수정(석영)을 뜻한다. 모

든 물질은 고유 진동수가 있는데, 바로 수정의 고유 진동수를 이용해서 시계를 만든 것이다. 이 수정을 얇게 하여 막을 만들어 전기를 연결하면 자동으로 1초에 무려 32,768번이나 진동을 하는데, 이를 이용하여 시간을 표시하는 것이다.

사실 시간을 정확하게 알기 위한 방법을 찾는 것은 상당히 오래전부터 관심을 가졌다. 오늘날 흔하게 볼 수 있는 세계지도나 지구본 위의 세로선인 경도도 바로 시간을 정확하게 알아야만 파악할 수 있는데, 예전에는 이것을 몰라 새로운 땅을 정복하거나, 전쟁을 하거나, 무역을 하기 위해 나간 많은 배들이 바다 위에서 위험을 감수했다. 심지어 18세기에 영국에서는 이 문제를 해결하는 사람에게 오늘날 수백만 달러에 해당하는 상금을 걸기도 하였고, 갈릴레이, 호이겐스, 뉴턴 등 유명한 과학자들이 이를 해결하려고 했지만 실패했다. 그만큼 우리가 지금 손에 차고 있는 손목시계 하나에도 수많은 사람들의 노력이 깃들여 있다.

Physics

1kg 1kg은 얼마나 무거울까?

02

식당을 운영하는 이 사장은 트집을 아주 잘 잡기로 유명한 까다로운
사람이다. 주방장은 이 사장에게 꼬투리 하나라도 잡히지 않으려고
노력하지만 성공을 하는 날은 거의 하루도 없다. 어느 날 이 사장은
'스테이크 1kg'을 준비하라고 지시했다. 주방장은 아주 정밀한 전자
저울을 사용하여 1kg을 준비했는데, 이 사장은 '정확하게' 1kg이
아니라고 하면서 다시 준비하라고 하였다. 도대체 '정확한' 1kg은
어떻게 알 수 있을까?

| 킬로그램원기 |

질량의 단위가 되는 1kg의 기준을 삼기 위하여 만든 금속 분동

| kg |

킬로그램은 질량의 단위이며, 국제킬로그램원기의 질량과 같다.

앞에서 시간의 기준에 대해서 말했는데, 질량은 어떤 기준을 사용할
까? 현재 국제단위계에서는 모두 7가지 기본 단위를 정했는데, 시간

이나 길이 등의 대부분은 자연현상에서 나타나는 것이나 실험기구에 의하여 설정되었지만, 유독 질량만은 인간이 만들어낸 물질로 사용된다.

현재 국제적으로 인정받는 정확한 1kg에 해당하는 킬로그램국제원기는 프랑스 파리의 국제도량형국에 보관되어 있는데, 백금과 이리듐을 9:1로 섞어서 만든 합금으로 직경과 높이가 39mm인 원기둥을 만든 것이다. 이것과 같은 방법으로 만들어진 것들이 각 나라에 배부되어 사용되고 있다.

이렇게 복잡한 것을 사용하기 전에는 무엇을 사용했을까? 주위에서 가장 흔하게 볼 수 있는 '물'을 이용했다. 물의 밀도가 4℃일 때 1g/㎤임을 이용하여 기본단위로 그램(g)을 사용하였는데, 사실 이 값은 너무 작아서 4℃일 때 부피 $1dm^3$(세제곱 데시미터, 10cm × 10cm × 10cm)에 해당하는 물의 질량을 1kg으로 사용하였다. 그 후에 안정된 물질로 킬로그램을 알 수 있는 것을 만들기 위하여 백금과 이리듐을 이용하여 킬로그램원기를 만든 것이다.

그럼 킬로그램원기는 항상 1kg을 유지할까? 정답부터 말하면 그렇지는 않다. 최근 국제도량형위원회가 매년 국제킬로그램원기의 질량을 측정한 결과, 50마이크로그램(μg, 1백만분의1g) 정도의 변화가 나타나는 것이 확인되었다. 아직까지도 그 이유는 밝혀지지 않았는데, 이는 아주 작은 값이기는 하나 정밀함을 요구하는 과학에서는

문제가 될 수도 있어 많은 과학자들이 고심하고 있다. 그래서 대안
으로 다른 방법을 찾으려는 노력하고 있다.

Physics

03

1m는 어떻게 정한 것일까? **1m**

영애 : "우리 집에 있는 인형이 너희 집에 있는 것보다 더 커."

지현 : "아냐. 우리 집에 있는 게 더 커. 내 인형은 다섯 뼘이나 되는데…."

영애 : "내 인형은 다섯 뼘보다 더 크니까 네 것보다 더 크네."

아이들이 이야기하는 모습을 보면 재미있다. 특히 서로 자기가 가진 것이 더 크다고 우기는 모습을 보면 왜 도량형이 필요한지를 실감할 수 있다. 위의 두 아이의 대화에서 우리는 영애의 인형이 지현의 인형보다 크다고 판단할 수 있을까?

우리는 어떤 물체의 길이를 재기 위해서 다양한 방법을 사용했다. 학교 운동장의 길이는 몇 걸음인지, 책상의 크기는 몇 뼘인지……. 이와 같이 길이를 비교하기 위해 주위의 물건을 이용하는데, 가장 많이 사용하는 것이 바로 우리 몸이다. 우리 조상들이 사용했던 '치'는 가운뎃손가락 중간 마디의 길이를 기준으로 설정되었고, '자'는 팔목에서 팔꿈치까지의 길이로 만들었으며, 서양인들도 한 발자국

17

의 폭의 길이로 피트(feet)를 사용하였고, 엄지손가락의 너비와 같은 크기의 양으로 '인치(inch)'를 만들어 사용하였다. 그렇다면 현재 우리가 가장 많이 사용하는 미터는 어떻게 만들어졌을까? 그리고 1미터는 과연 얼마나 되는 길이일까?

| 1미터 |

진공중에서 빛이 1/299,738,458초 동안 이동한 거리

시간이나 질량과 같이 길이의 단위를 정하기 위해 오래전부터 노력했고, 오늘날 가장 많이 사용되는 단위는 '미터'이다. 미터의 어원은 '잰다'라는 의미로, 1793년 프랑스 공화국 정부가 처음 채용했다. 처음 미터법이 만들어질 때, 1미터는 북극과 적도의 거리를 1천만분의 일로 나눈 값으로 사용했는데, 실제로 프랑스의 댕케르크와 바르셀로나 사이의 거리를 측정하여 최초의 '길이 원기'를 만들었다. 그 후 국제도량형국에 보관되어 있는 '미터원기막대'라고 불리는 플래티늄-이리듐(Pt-Ir) 합금 막대에 두 선을 그어 이것을 기준으로 사용하였다.

그 후 좀더 정확한 방법이 필요했고, 이를 위하여 1960년에는 크립톤-86원자에서 방출된 빛의 파장을 이용하여 1m를 정의하였고, 1983년 17차 도량형 회의에서는 좀더 정확한 값을 위하여 빛이 1/299,792,458초 동안 이동한 거리를 1미터로 사용하게 되었는데,

"…이쪽으로 쭈욱 가면 돼, 가까워"
— 시골에선 할아버지가 하는 말을 믿으면 낭패. 그들의 거리관념은 매우 다르다.

이는 레이저를 이용해 정확하게 측정한 빛의 속도인 299,792,458m/s
로부터 구한 것이다.

최근 과학에서 가장 각광을 받는 것 중 하나가 바로 '나노테크놀로
지'이다. '테크놀로지'는 '기술'이라는 뜻임을 대부분 알고 있는데,
그렇다면 '나노'는 무슨 뜻일까? 이 '나노'가 킬로미터, 밀리미터
의 '킬로' 또는 '밀리'와 관련이 있다는 것을 아는 사람은 그리 많
지 않다.

우리가 생활하면서 사용하는 길이의 단위는 미터, 센티미터, 밀리
미터, 킬로미터 등이다. 이 단위를 잘 살펴보면, '미터'라는 말 앞에

'센티', '밀리', '킬로'라는 붙어 있는데, 이는 길이뿐만 아니라 다른 단위에도 사용되는 접두사이다. 값이 작을 경우에는 별 문제가 없지만, 값이 크거나 작은 경우에 '1,000,000,000m(미터)' 또는 '0.000000001m(미터)'와 같이 나타내는 것은 쉽게 눈에 들어오지 않을 뿐더러 대화하거나 표현하기에도 무리가 있다.

보통 10의 세제곱 또는 1/10의 세제곱마다 접두사를 만들었는데, 큰 순서로는 킬로, 메가, 기가, 테라, … 의 순이고, 작은 순서로는 밀리, 마이크로, 나노, … 의 순서로 접두사를 붙여 사용한다. 즉, 위에서 예를 든 1,000,000,000m는 1Gm(기가미터)라고 하고, 0.000000001m는 1nm(나노미터)라고 한다.

그렇다면 우리가 주위에서 볼 수 있는 가장 긴 길이는 무엇일까? 그것은 바로 지구와 태양과의 거리이다. 이 길이는 약 1억 5천만 킬로미터로 이를 1AU(Astronomical Unit, 천문단위)라고 부른다. 우주에서는 이렇게 큰 단위로도 표현하기 어렵기 때문에 빛이 1년 동안 가는 거리를 1광년이라고 하여 사용하는데, 이는 무려 9,460,800,000,000,000m나 되는 거리이다.

Physics

04

어떻게 하면 몸무게가 적게 나갈까? **몸무게**

세상이 변해가면서 사람들의 관심사가 많이 바뀌고 있다. 특히 최근 화두가 된 '살과의 전쟁'이라는 말이 대변하는 것과 같이 몸무게를 줄이는 방법에 대해서 많이 이야기되고 있다. 얼마 전 카페트 위에 저울을 놓고 몸무게를 재면 더 많이 나간다는 이야기가 있었는데, 영국의 과학주간지인 《뉴사이언티스트》에서는 그 효과에 대해서 명쾌하게 과학적인 설명을 내놓아 화제가 되었다. 저울마다 다르기는 하지만, 푹신한 바닥에서는 딱딱한 카펫 위의 저울보다 몸무게가 무려 10%나 많이 나가는데, 딱딱한 바닥과 푹신한 바닥에서 몸무게에 차이가 나는 원인은 받침점과 힘점 사이의 길이가 달라지기 때문인 것으로 밝혀졌다.

| 무게 |

물체에 작용하는 중력의 크기

| 몸무게 |

사람의 몸에 작용하는 중력의 크기

21

새로운 적도 다이어트를 체험해 보세요!! 도착하는 순간부터 최소한 3kg는 가벼워지신걸 느낄 거예요!

우리가 '몸무게'라고 말할 때, 그것은 바로 지구가 사람을 잡아당기는 힘인 중력의 크기를 나타내는 양이다. 따라서 4kg, 5kg라는 표현은 잘못된 것이다. 'kg'은 질량의 단위이지 힘(무게)의 단위는 아니기 때문이다. 정확하게 말하려면 kgf(kg중, 킬로그램힘)이나, N(뉴턴)을 사용해야 한다. 하지만 무게는 질량에 비례하기 때문에 우리가 몸무게의 단위로 '킬로그램'을 사용해도 큰 무리가 없는 것이다.

질량은 물체가 지니는 고유한 양으로 장소에 관계없이 일정한 값을 가지지만, 무게는 측정하는 곳에 따라서 다른 값을 가진다. 지구에서의 무게는 질량에 중력가속도를 곱한 양이 된다. 결국 장소에 따라서 중력가속도 값이 다르기 때문에 사람의 몸무게도 장소에 따라서 다른 값을 나타내는 것이다. 단적으로 말하면 달에서는 중력가

속도가 지구에 비해 약 1/6 정도로 작기 때문에 몸무게도 1/6로 줄어든다.

그럼 중력가속도의 크기를 줄일 수 있다면 몸무게를 줄일 수 있다는 말인가? 맞다. 중력가속도의 크기는 높이에 따라 다른 값을 가지기 때문에 몸무게도 높이에 따라 그 크기가 변한다. 그렇지만, 그 크기는 쉽게 변하지 않는다는 것이 아쉬울 따름이다. 겨우 100km 정도 올라갈 때마다 몸무게가 약 3% 정도 줄어든다. 하지만 무궁화위성같이 아주 높은 곳(약 36,000km)에서는 지상에서 100kg중의 몸무게를 가진 사람도 불과 2.3kg중밖에 나가지 않는다. 하지만 사람이 살고 있는 대부분의 지표면에서는 높이차가 그리 크지 않기 때문에 아쉽게도 몸무게에 큰 차이가 없다.

물론 중력가속도의 크기는 위도에 따라 다르다. 지구가 구형이 아니라 약간 타원체형이고, 또 자전에 의한 효과 때문에 적도에서는 약 9.78 정도인데 반해 극지방에서는 약 9.835 정도이다. 결국 몸무게가 적게 나가고 싶은 사람은 적도 가까이, 그리고 지대가 높은 곳에서 측정을 하면 된다. 물론 그렇다고 질량이 변하지 않기 때문에 저울에 나타나는 눈금에서만 표시되는 것이고, 또 몸무게가 줄어드는 정도가 그렇게 크지 않기 때문에 큰 의미가 있지는 않겠지만….

지구의 안쪽으로 파고들어가도 중력가속도의 크기는 변하게 되어 몸무게 크기도 변한다. 그렇지만 몸무게를 10% 정도 줄이기 위해서는 약 640km 정도 지구 속으로 들어가야 하기 때문에 그리 쉽지는

않다. 결국 몸무게를 줄이기 위해서 높이 올라가거나 땅속 깊이 내려가야 하는데, 그것이 그렇게 쉽지만은 않으니 차라리 열심히 운동을 해서 살을 빼는 것이 더 낫지 않을까?

Physics

우리의 몸이 개미처럼 작아진다면? **크기와 비례**

우리가 즐겨보는 SF영화 중에는 아주 크거나, 아주 작은 극단의 상태로 만든 상상의 세계를 다루는 것들이 있다. 그런데 이렇게 작아진 세계, 커진 세계에서는 현재 우리가 살고 있는 세계와 어떤 차이점이 있을까? 어떤 사람은 킹콩이나 고질라는 제대로 걸어 다니지 못할 것이라고 말하고, 스파이더맨은 거미줄에 매달릴 수 없다고 한다. 또 사람이 점점 작아진다면 지금처럼 움직일 수 없다고 한다. 그렇다면 과연 그 이유는 무엇일까? 바로 여기에 과학의 잣대를 이용하려고 한다. 바로 크기와 비례관계!

| **크기와 비례관계** |

어떤 물체의 크기(길이)가 변할 때 겉넓이는 제곱, 부피는 세제곱에 비례하여 변한다. 따라서 질량도 물체의 길이변화의 세제곱으로 변한다.

사람의 키가 갑자기 2배로 커졌다고 생각해보자. 모두 같은 비율로 변했다면 몸무게도 2배로 커졌을까? 아니면 3배, 4배?

다음 그림처럼 가로의 길이가 1m인 정육면체 상자가 있다고 하자. 이 상자의 크기가 2배로 변한다면, 가로, 세로, 높이의 길이도 모두 2배로 변할 것이다. 처음 정육면체의 겉넓이와 부피는 각각 $6m^2(6 \times 1m^2)$, $1m^3$인데, 크기가 2배로 변한 정육면체의 겉넓이는 $6 \times (2m \times 2m) = 24m^2$이고, 부피는 $2m \times 2m \times 2m = 8m^3$이다. 원래의 겉넓이에 대해서 4배, 부피에 대해서는 8배가 커진 것으로 2^2, 2^3배만큼 커졌다. 즉, 어떤 물체가 x배만큼 커졌다면 겉넓이는 x^2, 부피는 x^3배만큼 커진 것이고, 따라서 밀도가 같다면 질량도 x^3배만큼 커진다. 그렇기 때문에 우리의 몸이 커지거나 작아지면 크기만 변하는 것이 아니라, 몸의 표면적이나 몸무게는 더 큰 비율로 변해 문제가 발생한다.

　몸이 커지는 예로 영화 〈스파이더 맨〉을 살펴보자. 스파이더맨이 가진 가장 큰 특징이 바로 몸에서 거미줄을 만들 수 있다는 것이다.

"박사님 태권브이 하체가 왜 저렇죠?"
"…음, 어쩔 수 없다. 크기가 커지면 중량이 엄청나게 증가하거든…"

그런데 거미줄이 끊어지는 정도는 거미줄의 단면적과 관련이 있다. 스파이더맨이 만든 거미줄의 단면적은 커진 비율의 제곱에 비례하여 증가하는 반면, 몸무게는 세제곱에 비례하여 커진 것이다. 결국 몸무게가 그만큼 더 많이 많아졌다고 볼 수 있기 때문에 스파이더맨의 거미줄은 몸무게를 견디지 못하고 끊어질 것이다.

영화 〈애들이 6mm로 줄었어요〉에서와 같이 키가 6mm로 줄어든다면, 대략 원래의 키가 150cm였다고 가정할 때 1/250의 비율로 줄어들었다고 할 수 있다. 그렇다면 앞에서와 같이 몸무게는 세제곱만큼 줄어들기 때문에, $1/(250 \times 250 \times 250)$만큼 줄어들어 원래 25kg였다면, 0.0016g밖에 되지 않을 것이다.

이렇게 되면 재미있는 일들이 많이 벌어진다. 겉넓이는 제곱, 몸무게는 세제곱에 비례하여 줄어들기 때문에, 몸무게에 비해서 상대적으로 겉넓이가 250배 정도 넓어진 상태라고 생각할 수 있다. 물론 이렇게 되면 물에 빠져도 몸에 물이 많이 붙어서 빠져나오기도 어렵고, 넓어진 피부로 에너지도 많이 손실되기 때문에, 부족한 에너지를 섭취하기 위해서 끊임없이 먹고 열을 내기 위해서 부산하게 움직여야 할 것이다.

물론 좋은 점도 있다. 힘을 내는 것은 근육인데, 바로 근육의 단면적이 영향을 주는 것이다. 크기가 줄어들 때 근육의 단면적은 제곱에 비례하여 줄어들기 때문에, 상대적으로 자기 몸무게에 비례해서 정상상태일 때보다 250배나 무거운 물체를 들 수 있을 것이다. 한 예로 정상일 때 몸무게 50kg인 사람이 50kg짜리 물체를 들어올린다면, 이 사람이 1/250로 줄어들었을 때 몸무게는 0.0032g이지만, 자신의 몸무게보다 250배나 무거운 0.8g의 물체를 들어올릴 수 있을 것이다. 바로 수퍼맨(수퍼 개미인가?)이 탄생한 것이다.

이런 영화가 실제로 가능할지 그렇지 않을지에 대한 많은 논란이 있다. 그런데 이에 대해 명쾌하게 설명하는 데는 바로 '질량 보존의 법칙'을 이용하면 된다. 즉, 변화 이전과 이후의 질량은 항상 일정해야 한다는 것이다. 아이들이 작아져도 그 질량은 유지해야 한다. 20kg이 넘는 개미? 아마 땅 속에 파묻혀 헤어나지 못할 것이다.

Physics

06

사과를 보면 무엇이 생각납니까? **관성의 법칙**

옛말에 '아는 만큼 보인다' 는 말이 있다. '사과' 하면 생각나는 사람은 누구일까? 신학자들은 이브의 '사과' 를 생각하고, 교육자들은 '비록 내일 지구의 종말이 온다 해도 나는 오늘 한 그루의 사과나무를 심겠다' 고 한 스피노자를 생각할 것이며, 역사학자는 인간의 위대한 정신력을 시험한 윌리엄 텔의 '사과' 나 트로이를 전쟁의 구렁텅이에 빠뜨린 파리스의 '황금사과' 를 생각하겠지만, 과학자들은 뉴턴의 '사과' 를 먼저 떠올릴 것이다.

찬바람이 불어오는 가을날 한 젊은이는 사과나무에서 떨어지는 사과를 바라보고 있었다. 이 젊은이는 다른 사람과는 달리, 떨어지는 사과에서 사과와 지구와의 관계를, 사과를 떨어지게 만든 그 힘을 생각하고 있었다. 그가 바로 역사상 가장 위대한 과학자로 일컬어지는 아이작 뉴턴(1642~1727)이다. 뉴턴의 사과 이야기는 후세 사람들이 꾸며낸 이야기라고도 하지만, 이 뉴턴의 사과야말로 과학의 역사는 물론, 세상을 변하게 만든 아주 중요한 단서인 것이다.

뉴턴은 1665년 런던에 전염병이 돌자, 고향으로 돌아가서 두 해를 보냈는데, 이때 그는 공간과 시간, 그리고 운동에 대해 곰곰이 생각하며, 그가 평생 동안 이루어낸 위대한 업적인 미적분학, 백색광의 본성, 만유인력과 그 결과와 같은 세 가지 분야에 대한 기틀을 마련하였다.

| 뉴턴의 제1법칙 |

어떤 물체에 작용하는 힘이 없다면, 그 물체의 속도는 변하지 않는다.

뉴턴이 밝혀낸 운동의 법칙은 모두 세 가지로 요약되는데, 그중 첫 번째 법칙을 관성의 법칙이라고 한다. 즉, 정지한 물체는 가만히 내버려두면 움직이지 않고, 움직이는 물체는 다른 힘이 가해지지 않는 한, 계속해서 같은 속도로 직선운동을 한다는 등속직선운동에 대한 것이다.

사실 관성의 개념을 처음 생각한 사람은 뉴턴이 아니라 갈릴레이였다. 갈릴레이도 물체의 운동에 대해 연구를 많이 했는데, 그는 경사면을 굴러 내려오는 공이 같은 시간 동안 속력이 일정하게 증가하고, 경사면을 내려와서 평평한 곳을 지날 때에는 속력이 변하지 않는다는 사실을 실험을 통해 관성에 대한 연구를 하였다. 다시 말하면 뉴턴의 세 법칙 중 첫 번째 법칙인 관성의 법칙은 갈릴레이가 이룬 운동에 관한 연구에서 직접 얻은 결과라고도 할 수 있다.

이게 바로 관성의 법칙이라구!!
–관성의 법칙을 이용해 사과를 따는 뉴턴

관성을 이용하면 날달걀과 삶은 달걀을 쉽게 구분할 수 있는데, 달걀을 돌렸다가 손가락으로 일시 정지시켜보면 된다. 삶은 달걀은 달걀 전체가 하나의 고체덩어리이기 때문에 손가락으로 일시 정지시키면 껍질과 내용물이 동시에 정지하지만, 날달걀의 경우 껍질은 정지하지만, 안에 있는 흰자와 노른자는 액체이기 때문에 처음에 가지고 있었던 회전하려는 관성을 그대로 지니고 있어 손가락을 떼어내도 다시 달걀이 돌아간다. 물론 날달걀은 삶은 달걀보다 회전시키기도 어렵다.

그런데 실제로 물체에 작용하는 힘은 하나가 아니라 두 개 이상인 경우가 대부분이다. 이렇게 두 개 이상의 힘이 물체에 작용할 때에는 그 힘들의 합력을 생각해야 한다. 이때 합력은 물체의 운동에 최종적으로 영향을 주는 힘이기 때문에 알짜힘이라고도 부른다. 결국 뉴턴의 제1법칙은 알짜힘으로 다시 정의될 수 있다.

| **뉴턴의 제2법칙(수정)** |

어떤 물체에 작용하는 알짜힘(또는 합력)이 0이면, 그 물체의 속도는 변하지 않는다.

Physics

07 학교에서 집까지의 거리는 얼마일까? **이동거리와 변위**

학교에서 선생님이나 친구들이 간혹 물어보곤 한다. "너희 집은 학교에서 얼마 정도 떨어져 있니?" 이때 보통은 별 생각 없이 답하곤 했는데, 가끔 이런 생각이 든다. '학교에서 집까지 거리' 라면 직선거리를 말하는가? 아니면 구불구불한 길을 걸어간 전체의 거리를 말하는가?

우리는 물리를 통해서 물체가 어떻게 운동하는지 배운다. 그렇다면 과연 물체의 운동 상태는 무엇을 말하는 것일까? 대자연 속에 존재하는 모든 물체들은 원자 세계에서 우주의 세계에 이르기까지 제각기 다른 운동을 하고 있다. 어떤 물체들은 직선운동을 하기도 하고, 또 어떤 물체들은 원운동을 하기도 한다. 즉 이러한 물체들은 시간이 지남에 따라 그 위치가 변한다. 결국 위치를 아는 것은 물체의 운동을 아는 것의 기본이다.

| 이동거리 |

물체의 실제 경로를 따라 이동한 거리

| 변위 |

물체가 운동할 때 물체의 위치 변화량

산을 올라갈 때, 정해진 길을 따라 구불구불한 등산로를 가는 사람도 있고, 등산로를 무시한 채 곧장 정상을 향해 올라가는 사람도 있다. 결과적으로 보면 두 사람 모두 정상까지 가는 것은 같지만, 이동하는 과정에는 차이가 있다. 물리에서는 위치의 변화가 상당히 중요한 역할을 하는데, 이때 실제로 이동한 거리와 최종적으로 이동한 거리는 중요성이 각각 다르다.

우리는 물체가 실제로 이동한 거리를 '이동거리'로 표현한다. 즉, 출발점에서 도착점까지 이동한 경로의 길이 전체를 뜻한다. 반면 물체의 위치의 변화량을 '변위'로 나타낸다. 다시 말하면 운동 경로에 상관없이 처음의 위치와 나중의 위치만 가지고 알 수 있는 값이다. 그런데 변위는 변화한 위치의 크기뿐만 아니라 방향까지 포함한 값이다. 예를 들어 다음 그림을 보자.

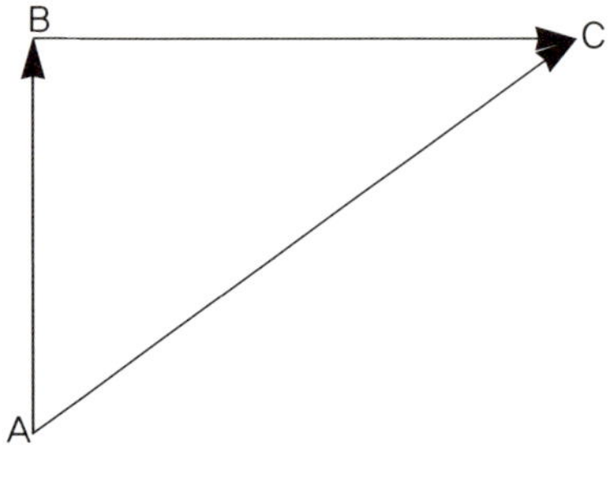

A점에서 C까지 이동하는데 중간에 B를 거쳐서 간다고 할 때, 이 사람이 실제로 걸어간 거리는 30m + 40m = 70m이다. 그러나 처음 위치에서 최종 위치까지의 위치 변화는 빗변의 길이인 50m이다. 여기서 70m는 이동거리를 뜻하고, 50m는 변위의 크기를 의미한다. 이때 변위는 방향을 포함하기 때문에 실제로 변위를 나타낼 때에는 'A에서 C의 방향으로 50m'와 같이 표현해야 한다.

이처럼 변위는 크기뿐만 아니라 방향까지 포함한 값이다. 우리가 사용하는 물리량은 크기만 가진 것도 있는 반면, 방향까지 포함한 값들도 있다. 이 중 크기만 갖는 물리량을 스칼라(scalar)라고 부르는데, 시간, 길이, 온도, 질량, 에너지 등과 같은 물리량이 이에 해당한다. 반면 변위와 같이 크기와 방향을 갖는 물리량을 벡터(vector)라고 부르며, 속도, 가속도, 힘 등이 이에 해당한다.

벡터는 물리를 설명할 때 아주 중요한 개념인데, 스칼라량은 단지 두 값을 더하면 되지만, 벡터는 그렇지 않다. 그럼 벡터량을 더하거나 뺄 때는 어떻게 그 결과를 알 수 있을까? 그것은 그림을 그려서 이해하면 쉽다. 바로 벡터를 화살표로 나타내어 평행사변형법을 사용하면 된다. 벡터의 크기를 화살표의 길이로, 벡터의 방향을 화살표의 방향으로 나타냈을 때, 두 벡터의 합은 두 화살표가 만들어내는 평행사변형의 대각선이 벡터의 합이 된다. 바로 대각선의 길이가 합벡터의 크기이고, 대각선의 방향이 합벡터의 방향이 된다. 중학교 교과서에 나오는 두 힘의 합력을 구할 때에도 이와 같은 방법을 사용한다.

Physics

속력과 속도 거북이와 달팽이는 누가 빠를까?

08

달팽이와 거북이는 누가 빠른지에 대해서 싸우고 있었다. 달팽이는 1분 동안 2m를 갈 수 있다고 했고, 거북이는 2분 동안 5m를 움직일 수 있다고 했다. 그렇다면 과연 누가 빠른 것일까? 독자들은 "그걸 문제라고 내나? 대부분 거북이가 빠르지"라고 대답할 것이다.

달팽이가 1분에 2m 움직일 수 있으니까 2분에는 4m를 움직이므로, 같은 시간에 거북이가 더 먼 거리를 움직일 수 있어 거북이가 더 빠르다고 설명할 것이다. 이렇게 대답할 수 있는 사람들은 바로 속력의 개념이 머릿속에 이미 입력되어 있는 것이다.

| 속력 | 단위 시간 동안에 물체가 이동한 거리

$$속력 = \frac{이동한\ 거리}{걸린\ 시간} \qquad v = \frac{s}{t}$$

| 속도 | 단위 시간 동안에 물체의 변위, 즉 물체의 속력과 함께 방향을 함께 나타낸 양

$$속도 = \frac{변위}{걸린\ 시간} \qquad \vec{v} = \frac{\vec{s}}{t}$$

우리는 어떤 물체가 움직일 때 그 물체가 빠르다 또는 느리다는 말을 자주 한다. 이때 빠르고 느린 정도를 크기로 나타낸 것이 바로 속력이다. 예를 들어 A, B 두 사람이 있다고 하자. A는 1분 동안 200m를 갈 수 있고, B는 1분 동안 400m를 갈 수 있다면 A보다 B가 더 빠르다고 한다. 즉, 같은 시간에 더 먼 거리를 움직였기 때문이다. 그렇다면 다시 A는 100m를 가는 데 30초가 걸렸고, B는 100m를 가는데 15초가 걸렸다면 누가 빠른 것일까? 당연히 B가 더 빠르다. B는 같은 거리를 가는 데 A보다 더 짧은 시간이 걸렸기 때문이다. '아니, 왜 이렇게 쉬운 이야기를 계속 하지?' 하고 생각하는 독자도 있을 것이다. 이렇게 쉬운 이야기를 계속 하는 것은 바로 속력에 대한 정확한 정의를 알기 위해서이다. 바로 위의 예처럼 속력을 알기 위해서는 두 가지 물리량, 즉 시간과 이동거리를 함께 생각해야 한다.

속력은 시간이 짧을수록, 이동거리가 클수록 커지기 때문에 단위 시간 동안 이동한 거리를 속력이라고 한다. 즉, 공식으로 나타내면 시간을 t라고 하고, 이동거리를 s라고 할때 속력(v)은 이동한 거리를 시간으로 나누면 된다. 속력의 단위는 거리와 시간의 단위에 따라서 다양하게 사용되는데, 일반적으로는 미터와 초를 사용한 m/s, 킬로미터와 시간을 사용한 km/h를 가장 많이 사용한다.

그렇다면 속도는 무엇인가? 우리는 생활에서 속력과 속도를 같이 사용하지만, 물리에서 속도는 조금 다른 의미를 가진다. 바로 우리가 앞에서 설명한 벡터의 개념을 포함해야 한다. 같은 속력을 가진 물체라고 할지라도 그 움직이는 방향이 다르면 앞으로의 물체의 운동 상태를 정확하게 예측할 수 없기 때문에, 빠른 정도를 나타내는 속력에 움직이는 방향을 같이 나타내야 한다. 따라서 우리는 물체의 속도를 '단위 시간 동안 일어난 변위'로 정의하는 것이다. 따라서 속도도 속력과 마찬가지로 다음과 같이 공식으로 표현할 수 있다.

$$속도 = \frac{변위}{걸린\ 시간} \qquad \vec{v} = \frac{\vec{s}}{t}$$

여기서 v와 s위에 있는 화살표는 벡터를 나타내는 표현이다.

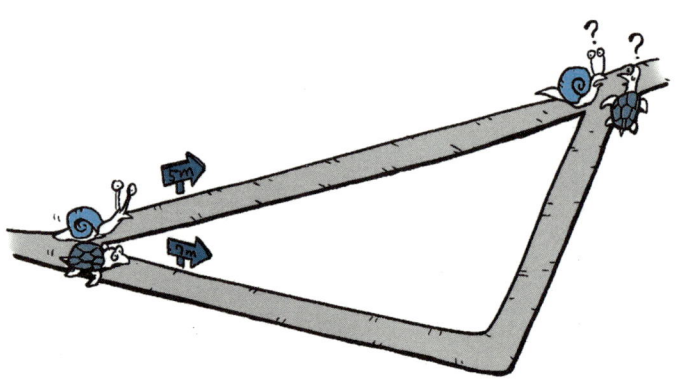

Physics

09 날아가는 비행기에서 총알을 손으로 잡는다면? 상대속도

· 세계 2차대전 당시 한 공군이 날아가는 총알을 잡았다고 한다.
· 달리는 차에서 차창 밖에 내리는 빗방울은 뒤쪽으로 기울어진
  것처럼 보인다.
· 차를 타고 가면서 옆에 나란히 달리는 차를 보면 정지한 것처
  럼 보인다.

위 세 현상은 모두 같은 물리적 현상 때문에 나타난 것이다. 특히 두
번째와 세 번째 현상은 자주 경험을 하는 편인데, 이 현상들에서 공
통적인 것은 보는 사람이 모두 움직이고 있다는 것이다. 바로 상대
적인 운동 때문에 나타난 것으로, 바로 '상대적'인 속도인 것이다.

| 상대속도 |

· 어떤 물체에서 본 다른 물체의 상대적인 속도

· 운동하는 관측자가 본 물체의 속도

우리는 어떤 물체가 운동하고 있을 때 그 물체의 운동 상태를 위치, 속도 등으로 표현한다. 그런데 위치를 표현하기 위해서는 기준점이 필요하다. 바로 이 기준점을 잡기 위하여 좌표계를 사용한다. 이것은 속도의 경우도 마찬가지로, 책상 위에 있는 펜이 정지해 있을 때, 펜의 속도를 0(영)이라고 말하지만, 지구 밖에서 보면 지구가 자전하기 때문에 속도는 0이 아니다. 또한 지구는 태양 주위를 공전하고, 더 넓게 보면 태양계, 은하계도 움직이기 때문에 진실로 정지한 물체는 없다고 봐야 한다.

그럼 우리가 보통 책상 위에 정지해 있는 펜의 속도는 0이라고 말하는 것은 어떤 의미일까? 물리 선생님들이 거짓말을 하는 것일까? 이는 기준을 생각하면 쉽게 해결된다. 보통 우리는 지면을 속도의 기준으로 표시한다. 그렇기 때문에 펜의 속도는 0이 된다. 그러나 다른 물체나 좌표계를 생각한다면 0이 아닐 수 있다. 물체의 위치나 속도는 상대적이라고 말할 수 있다. 이런 상대적인 의미를 가진 속도를 '상대속도'라고 한다. 즉, 관측하는 사람이 움직일 때, 이 관측자가 본 물체의 속도를 관측자에 대한 물체의 상대속도라고 한다.

앞의 예로 돌아가보자. 비행기 조종사가 날아가는 총알을 보았을 때, 만약 총알의 속도와 비행기의 속도가 같다면 총알이 어떻게 보일까? 이것은 버스를 타고 지나가면서 같은 속도로 움직이는 옆 차선의 버스 속의 사람과 같은 예이다. 즉, 가만히 떠 있는 것처럼 보일 것이다. 날아가는 총알이 정지한 것처럼 보인다는 사실은 흔히

아무리 뛰어도 상대속도는 제로

경험하기 어려운 현상이지만, 상대속도의 개념으로 보면 있을 수 있는 일이다. 자동차를 타고 가다가 날아가는 새가 정지해 있거나 뒤로 날아가는 것처럼 보이는 것은 비교적 자주 볼 수 있다.

그럼 상대속도는 어떻게 구할까? A라는 관측자가 v_A의 속력으로 움직이고 있고, 이때 물체 B는 같은 방향으로 v_B의 속력으로 움직이는 경우, A가 본 B의 상대속도(v_{AB})는 상대방의 속도에서 관측자의 속도를 뺀 값인 v_B-v_A가 된다.

| 상대속도 |

상대속도 = 상대방 속도 − 관측자 속도

$V_{AB} = V_B - V_A$

결국 상대방 속도가 관측자 속도보다 큰 경우에는 앞으로 나아가는 것처럼 보이겠지만, 관측자 속도가 큰 경우에는 오히려 뒤쪽으로 가는 것처럼 보일 것이다. 그런데 속도는 벡터이기 때문에 상대속도도 방향을 생각해야 한다. 물론 방향이 관측자와 상대방이 같은 방향으로 움직이는 경우에는 크기만 고려해도 되지만, 그렇지 않은 경우도 많이 있다. 바로 차를 타고 달리면서 본 차창 밖의 빗방울은 어느 정도 기울어져 보이는 것이 대표적인 예가 될 수 있다.

Physics

10

엑셀러레이터와 가속도 **가속도**

혹시 자동차를 운전해본 적이 있습니까? 손과 발이 동시에 다른 역할을 하도록 하는 일이 그리 쉽지 않다. 더구나 자동차의 경우 두 개의 페달 중 하나는 멈추게 하는 것이고, 다른 하나는 더 빨리 달리게 하는 것이니, 잘못 밟게 되면 자칫 큰 사고가 날 수도 있기 때문에 더 조심해야 한다.

생명을 좌우하는 이 페달을 우리는 '브레이크' 와 '엑셀' 이라고 부른다. 브레이크는 'brake' 라고 하는데, '멈추게 하는 제동장치' 란 뜻이다. 그럼 '엑셀' 은 무슨 뜻일까? '엑셀' 은 'eccelerator' 의 약자이다. 바로 '가속하다' 라는 뜻을 가진 'eccelerate' 와 관련이 있는 말이다. 여기에서 우리는 '가속도' 라는 물리량을 생각해볼 수 있다.

| 가속도 |

단위 시간 동안의 속도 변화량

43

앞에서 우리는 일반적으로 속도가 변하지 않는 운동, 즉 등속운동하는 물체에 대해서 이야기했다. 그런데 실제로 우리가 생활에서 보는 물체들은 속도가 계속 변한다. 빠르기인 속력이 변하기도 하고 방향이 변하기도 한다. 이렇게 물체의 속도가 시간에 따라서 변하는 경우, 우리는 그 물체가 가속도(加速度)를 가지고 있다고 한다.

앞에서 영어로 설명을 했는데, 이번에는 한자어로 그 뜻을 생각해 보자. 가속도의 '가(加)'는 '더한다'는 뜻이다. 즉 속도가 더해지는 양을 가속도라고 할 수 있다. 앞에서 속도를 단위 시간 동안의 변위를 나타낸다고 한 것처럼 우리는 가속도를 다음과 같이 나타낼 수 있다.

$$\text{가속도} = \frac{\text{속도 변화량}}{\text{걸린 시간}} \qquad \vec{a} = \frac{\vec{v_2} - \vec{v_1}}{t}$$

속도가 벡터량이기 때문에 당연히 가속도도 벡터다. 결국 가속도도 크기뿐만 아니라 방향까지 가지는 양이라는 말이다.

그럼 만약 속도가 점점 느려지는 경우에는 어떻게 될까? 앞의 공식에서와 같이 물체의 가속도는 속력이 빨라지면 양의 값을 가지고 속력이 느려지면 음의 값을 가지는데, 이때 방향으로 생각하면 양의 가속도는 원래 진행방향과 같은 방향을 가지는 경우이고, 음의 가속도는 반대 방향을 가진 벡터량이 되는 것이다.

운동하는 물체를 보면, 속도의 크기만 변하는 경우도 있지만, 방

향도 같이 변하는 경우가 더 많다. 이렇게 방향이 변하는 곡선운동을 하는 경우에는 가속도를 어떻게 구할 수 있을까? 간단하게 원운동하는 물체의 가속도(평균 가속도)를 한번 구해보자.

어떤 자동차가 원궤도로 이루어진 커브길을 간다고 하자. 자동차가 커브길에 들어서서 약 $60°$만큼 이동하였을 때 걸린 시간이 10초였다고 하자. 이때 자동차의 등속원운동을 하고, 속력은 15m/s였다고 하자.

만약 우리가 벡터를 몰랐다면 '가속도 $= \dfrac{15 - 15}{10} = 0$'라고 생각했을 것이다. 그렇지만 방향을 고려하면 아래 오른쪽 그림처럼 벡터의 합성을 이용하면 속도의 변화량을 구할 수 있고, 그 크기는 15m/s이다. 결국 가속도의 크기는 15/10＝1.5가 된다. 물론 가속도의 방향은 그림에서 나타낸 방향으로 원의 중심쪽을 향한다.

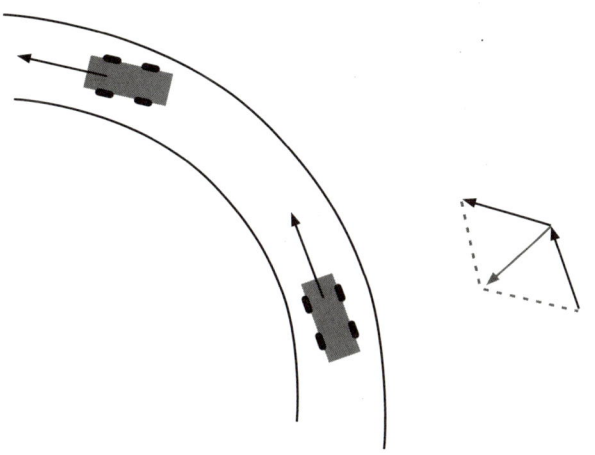

Physics

등속운동 귀신은 발이 없다

11

여러분은 어딘가로 이동할 때 무엇을 타고 가는가? 걸어가기도 하고, 버스를 타기도 하지만, 서울에서 가장 많이 이용하는 것은 지하철일 것이다. 최근에 만들어진 지하철 환승역에는 편리하게 이동하기 위해 무빙워크나 에스컬레이터를 설치하기도 한다. 이런 무빙워크나 에스컬레이터에서 움직이는 사람을 보면 귀신이 생각나곤 한다. 귀신이 있는지 없는지는 모르지만, 사람과 귀신을 구분할 때 가장 손쉬운 방법이 이동하는 모습을 보면 된다고 한다. 즉, 사람이 이동할 때에는 무게중심을 이동시켜야 하기 때문에 머리가 좌우 또는 앞뒤로 흔들리는 것을 볼 수 있는데, 귀신은 발이 없기 때문에 무빙워크에서 미끄러지듯이 이동한다고 한다. 무빙워크에서 움직이는 사람을 보고 귀신을 생각한다는 것이 조금은 억측일까? 여기서 무빙워크에서 움직이는 사람의 운동, 즉 등속운동을 이야기해보려고 한다.

46

| 등속운동(등속도운동) |

물체가 일정한 속도로 움직이는 운동

| 등속운동에서의 이동거리 |

이동거리 = 속력 × 시간 $s = v \times t$

우리가 사용하는 용어들을 보면 한자어인 경우가 많다. 그렇기 때문에 한자어의 뜻을 풀이하면 쉽게 그 의미를 알 수 있다. 물체의 운동에 대해서 이야기할 때 가장 처음 나오는 것이 바로 등속운동인데, 여기서 '등속'의 의미만 알면 쉽게 파악할 수 있다. '등'은 한자로 '等'으로 쓰며 뜻은 '같다'이다. 그리고 '속'은 한자로 '速'으로 '빠

뭐야… 다들 나처럼 미끌어지듯이 움직이잖아??

르기'란 뜻으로 속도(속력)를 의미한다. 결국 등속운동이란 '물체가 같은 속력(속도)로 움직이는 경우의 운동'을 뜻한다.

앞에서 우리는 뉴턴의 관성의 법칙에 대해서 이야기했다. 어떤 물체에 힘이 작용하지 않으면, 물체의 속력은 변화가 없다고 했으므로, 결국 힘이 작용하지 않으면 등속운동을 한다는 것이다. 그렇지만 우리가 사는 세상에는 마찰이 있기 때문에 이런 등속운동을 경험하기는 쉽지 않다. 다만 마찰이 적은 얼음판 위에서나, 놀이공원에 있는 에어테이블 정도가 관성의 법칙에 의한 등속운동을 잘 경험할 수 있는 곳이다.

등속운동을 하는 물체를 좀더 들여다보자. 속력 v로 등속운동을 하는 물체가 임의의 시간 t(초) 동안 이동한 거리를 s라고 하면, $s = vt$로 나타낼 수 있다. 그런데 이 식을 잘 살펴보면 새로운 공식은 아니다. 바로 앞에서 속력에서 이야기했던, 공식인

$$속력(v) = \frac{이동거리}{걸린\ 시간} = \frac{s}{t}$$

와 같은 식이다. 양변에 t(걸린 시간)를 곱하면 위의 공식을 얻을 수 있기 때문이다.

Physics

12

가속도법칙, 뉴턴의 운동 제2법칙 $F = ma$

세상에서 가장 위대한 과학자가 누구냐고 물었을 때 요즘 학생들의 경우 대부분 아인슈타인을 꼽을 것이다. 물론 아인슈타인이 위대한 과학자임에는 틀림없지만, 그보다도 더 위대한 사람으로 뉴턴을 생각하는 사람들도 많이 있다. 특히 그가 만든 물리법칙들이 세상을 바꾸는 큰 철학적인 변화까지 만들었다면, 그 놀라운 파급효과는 더더욱 뉴턴을 유명하게 만든다.

앞에서 뉴턴의 운동법칙 중 첫 번째 법칙인 '관성의 법칙'에 대해 이야기했다. 물론 뉴턴의 운동 제2법칙인 가속도법칙도 마찬가지로 뉴턴이 독자적으로 만든 것은 아니고, 사실 그 기본 틀은 갈릴레이가 생각한 것이라고도 할 수 있다. 그렇지만 뉴턴은 이를 3법칙과 함께 종합적이고 체계적으로 정리하였고, 특히 이 두 번째 법칙인 가속도법칙은 만유인력의 법칙과 함께 뉴턴을 오늘날까지도 유명하게 만들었다.

그렇다면 어떻게 'F=ma'라고 하는 간단한 방정식이 근대적인 물리학의 탄생을 가져온 과학사에서 가장 유명한 식이 되었는지 알

49

이봐, 더 칠 필요 없을거 같네. 계산해 보니까 내가 이겼어.

아보자.

| 뉴턴의 운동 제2법칙, 가속도법칙 |

힘 = 질량 × 가속도

$\vec{F} = m\vec{a}$

뉴턴의 운동 제2법칙은 제1법칙인 관성의 법칙에서 출발한다. 관성의 법칙에서는 '어떤 물체에 작용하는 힘이 없다면, 그 물체의 속도는 변하지 않는다' 라고 말했다. 그렇다면 물체에 작용하는 힘이 있

다면 어떻게 된다는 것일까? 힘이 없으면 속도가 변하지 않으니까, 힘이 있다면 당연히 속도가 변해야 한다는 말이다. 속도가 변한다는 것은 속도의 시간 변화량인 가속도가 0(영)이 아니기 때문에 우리는 '물체에 힘이 주어지면 그 물체에는 가속도가 생긴다'로 바꾸어 이야기할 수 있다.

만약 일정한 속도로 움직이는 물체가 있다고 하자. 이 물체가 움직이는 방향으로 힘을 주면 그 힘의 크기에 해당하는 양의 가속도가 생기기 때문에 속도가 커진다. 반대로 움직이는 반대방향으로 힘을 주면, 음의 가속도가 생겨 속도가 느려진다. 결국 물체에 가해지는 힘(크기, 방향)을 알면 그 물체의 가속도를 알게 되고, 결국 그 물체가 앞으로 어떻게 운동을 할지에 대한 예측이 가능해지는 것이다. 그는 '자연은 일정한 법칙에 따라 운동하는 복잡하고 거대한 기계'라고 주장했는데, 이러한 역학적 자연관은 18세기 계몽사상의 발전에도 영향을 끼쳤다.

이 뉴턴의 운동 제2법칙은 상당히 많은 곳에 적용된다. 사실 대부분의 운동하는 물체에 적용이 가능하다고 보면 틀림이 없다. 예를 들어 대포를 발사한다고 하자. 이 대포알이 날아갈 때 작용하는 힘(중력)을 알면 대포알의 질량에서 가속도를 구해 일정 시간이 지난 후 대포알의 속력과 위치를 계산할 수 있다. 물론 바람이나 공기의 저항 같은 요인 때문에 실제로는 좀더 복잡한 공식이 되겠지만, 이 뉴턴의 법칙은 아인슈타인의 상대성원리가 나오기 전까지는 수백

년 동안 누구도 거부할 수 없는 법칙이었고, 또 오늘날에도 아주 작은 미시세계를 제외하면 대부분 잘 들어맞는 법칙이다.

사실 공식은 어떻게 표현하는가에 따라서 조금 다르게 의미를 설명할 수 있다. 여기서 우리가 말하는 질량은 관성질량을 의미하는데, 가속도법칙을 이용하면 관성질량의 개념도 조금 쉽게 이해할 수 있다.

$F=ma$란 식을 $m=\dfrac{F}{a}$로 바꾸어 써보자. 등호란 수학에서는 좌변의 식과 우변의 식이 같다는 의미를 나타내지만, 물리에서는 그런 수학적인 의미 외에 다른 의미를 갖는다. 바로 '우변이 원인이 되어서 좌변이 나타난다'는 뜻이다. 두 번째 식을 이것으로 생각해보자. 크기를 아는 어떤 힘을 물체에 작용했을 때 그 물체가 나타내는 가속도의 크기를 측정하여 나누면 어떤 값이 나오는데, 이것이 바로 관성질량이 된다. 다시 말하면 어떤 물체에 힘을 주었는데, 그 물체의 가속도가 작다는 것은 이 물체의 속력을 변하게 하려면 아주 큰 힘이 필요하다는 것이다. 소위 무거운 물체가 이런 경우를 나타내는데 이것이 바로 관성질량이다. 결국 이 식은 관성질량을 측정하는 방법도 제공하는 것이다.

Physics

13 가벼운 것과 무거운 것 중 어느 것이 빨리 떨어질까? **떨어지는 물체의 운동**

물체가 떨어질 때는 어떻게 운동을 할까? 무거운 물체와 가벼운 물체는 어느 것이 먼저 떨어질까? 과학관에 가면 거의 대부분 긴 유리관 속에 돌과 깃털이 들어 있는 전시물이 있는 것을 볼 수 있다. 물론 과학관까지 가지 않더라도 교과서에서도 찾아볼 수 있을 만큼 유명하다. 그런데 이것은 무엇을 알려주기 위해서일까? 바로 갈릴레이가 말한 유명한 '모든 물체는 같은 시간에 떨어진다'를 증명하는 실험장치다.

실제로 공기 중에서 돌과 깃털을 떨어뜨리면 돌이 빨리 떨어지지만, 이 유리관 속은 진공으로 되어 있어 공기의 저항을 받지 않아 같은 속도로 떨어진다. 그렇다면 공기가 있으면 어떻게 떨어질까?

| 떨어지는 물체의 운동 |

공기가 없는 경우, 모든 물체는 동시에 떨어진다. 이때 속력의 변화는 일정하다.

| 종단속도 |

공기와 같은 유체의 저항을 받는 경우, 떨어지는 물체의 낙하속도는 어떤
값 이상으로 빨라지지 않고 일정한 속도(종단속도)에 이른다.

물체가 떨어질 때, 사람들은 무거운 물체가 가벼운 물체보다 더 빨
리 떨어진다고 잘못 생각한다. 물론 그렇지 않다고 생각하는 것이
어쩌면 더 잘못된 것일지도 모른다. 실제로 무거운 돌과 가벼운 깃
털을 떨어뜨리면 깃털보다 돌이 더 빨리 떨어지기 때문에…. 그리스
의 유명한 철학자인 아리스토텔레스도 무거운 물체가 가벼운 물체
보다 먼저 떨어진다고 생각했기 때문에 여러분이 잘못 생각했다고
해서 이상한 것은 아니다.

그렇다면 같이 떨어진다는 것은 무엇을 말하는가? 이것을 증명하
기 위해서 갈릴레이가 피사의 사탑에 올라갔다는 일화도 있지만, 실
제로 갈릴레이는 '사고실험'을 통해서 아리스토텔레스의 직관적 관
점을 무너뜨렸다.

그가 행한 사고실험의 내용을 간단하게 이야기하면 다음과 같다.

두 개의 돌 A와 B가 있다. 돌 A는 10의 속력으로 떨어지고, 작은 돌 B는 5의
속력으로 떨어진다고 하자. 그런데 두 개의 돌을 묶어놓으면 어떻게 될까? 두 개
의 돌을 묶으면 가벼운 돌이 무거운 돌의 낙하속도를 지연시키기 때문에 5와 10
의 중간 속도로 떨어질 것이다. 그런데 두 돌을 연결하면 더 무거워지기 때문에

선생님, 아무래도 무거운 쪽이 더 빨리 떨어지는데요?

10보다 더 큰 속도로 떨어질 것이라고도 말할 수 있다. 이 두 가지 중 어떤 것이 맞을까? 결국 아리스토텔레스의 관점에서 보면 이러한 모순이 생긴다. 이 모순을 없애기 위해서 우리는 다음과 같은 결론을 내릴 수 있다. '모든 물체는 무게에 관계없이 같은 속도록 떨어진다.'

물체가 떨어지는 모습을 보면 속도가 점점 빨라지는 것을 알 수 있다. 이 물체의 가속도를 구해보면 일정한 값을 나타내는데 이렇게 떨어지는 물체의 가속도를 중력가속도라고 부른다. 그러면 높은 곳에서 떨어지는 물체가 땅에 도달할 때의 속력은 어느 정도일까? 상상할 수 없을 정도로 빠를 것이다. 그렇지만 실제로 하늘에서 내리

는 빗방울을 보면 그렇게 빠르지 않다. 바로 공기의 저항 때문이다. 공기 중에서 낙하하는 물체는 속력에 비례하여 증가하는 크기의 저항력을 받기 때문에 속력이 점점 더 증가하는 비율이 작아져 어느 순간에는 일정한 속력으로 떨어진다. 이를 우리는 종단속도(terminal speed)라고 부른다.

무거운 물체와 가벼운 물체가 같이 떨어지는 것을 간단하게 실험을 통해 보여줄 수 있을까? 갈릴레이도 이러한 실험을 하고 싶었지만, 할 수 없었기 때문에 사고실험을 통해서 알아낸 것이다. 그렇지만 그는 진자의 주기운동을 통해 낙하에 대한 생각을 하게 되었다고 한다. 사물을 보는 관점에 따라서 사람들은 다양한 사고를 하는데, 일반적으로 많은 사람들은 진자의 움직임을 주기적으로 왔다갔다하는 흔들림으로 보는 반면, 갈릴레이는 진자가 떨어졌다가 올라오는 과정으로 보았다. 그가 발견한 진자의 등시성에 의하면 진자의 주기는 추의 무게에는 관계없이 실의 길이에만 관련이 있는데, 이를 통해서 떨어지는 물체는 무게에 관계없이 같은 속도로 떨어진다는 것을 간접적으로 생각할 수 있었다.

책과 종이 한 장을 사람 키높이에서 떨어뜨려보자. 그러면 책이 먼저 떨어지고 종이는 나풀거리면서 늦게 떨어지는 것을 볼 수 있다. 그 다음에 종이를 구겨서 떨어뜨려보자. 그러면 같이 떨어지는 것을 확인할 수 있다. 물론 이것은 공기의 저항을 줄였기 때문이다. 그 다

음에는 종이를 책 위에 올려놓고 떨어뜨려보자. 어떻게 될까? 그것은 독자들이 직접 실험을 해보기 바란다. 자신이 예상한 것과 같은지 아니면 다른지, 떨어지는 물체의 낙하운동과 공기와의 저항을 이용해서 설명해보자.

Physics

작용 반작용의 법칙 줄다리기에도 과학이 있다

14

가을이면 학교에서는 운동회가 열리곤 한다. 직접 육상 선수 등으로 참가하지 못하는 학생들도 이때만 되면 몸에 힘을 주면서 고함을 치곤 하는데, 바로 줄다리기를 할 때이다. 줄다리기를 잘하기 위해서는 어떻게 해야 할까? 힘이 세면 무조건 이길 수 있을까? 이 줄다리기의 과학적 원리가 바로 오징어의 운동과 관련이 있다면 이해할 수 있겠는가?

어항 속 금붕어도 손으로 잡으려면 상당히 신중하게 여러 번 시도해야 한다. 하물며 개울에 있는 물고기를 도구를 사용하지 않고 잡는다는 것은 운이 따르지 않으면 거의 불가능할 정도이다. 바로 물고기들은 지느러미를 이용해서 쉽고 빠르게 위치를 바꿀 수 있는데, 속도를 쉽게 변화시킬 수 있기 때문이다. 즉, 가속도가 크다고 할 수 있다. 이는 흐르는 물 속에서 포식자들로부터 몸을 보호하기 위해서인데, 오징어와 같이 지느러미가 발달하지 않은 개체들은 어떻게 방향을 바꾸어 나아갈 수 있을까? 실제로 오징어가 어떻게 나아가는

58

지를 본 적이 있는 사람들은 오징어를 통해 로켓을 생각할 수도 있다. 오징어는 몸 속에 물을 가지고 있다가 이 물을 밖으로 분출시키면서 그 반동을 이용해 앞으로 나아가는데, 이것이 바로 뉴턴이 만든 운동법칙 중 마지막인 작용 반작용 법칙이다. 그럼 작용 반작용의 법칙이 무엇인지, 또 그것이 어떻게 오징어와 줄다리기와 연결되는지 알아보자.

| **작용 반작용의 법칙** |

두 물체 사이에서 작용하는 작용과 반작용은 그 크기가 같고 방향이 반대이며 동일 직선상에 작용한다.

작용 반작용의 법칙을 설명하기 위해서는 작용과 반작용이 무엇인지 알아야 한다. 우리가 어떤 물체에 힘을 가할 때 그 물체도 우리에게 같은 크기의 힘을 가한다. 이때 내가 가한 것이 작용이고, 물체가 가한 것이 바로 반작용이다.

만약 두 배를 서로 줄로 연결시켰을 때, 그 줄을 잡아당겨 다른 배를 가까이 오게 하려면, 자기가 타고 있는 배도 움직이는 것을 볼 수 있다. 바로 이것이 작용 반작용 때문이다. 내가 다른 배에 작용하는 힘만큼 다른 배도 줄을 통해 내 배에 같은 크기의 힘을 작용하는데, 이때 두 힘의 크기는 같고 방향이 반대가 된다. 작용 반작용은 물체가 정지하는 경우뿐만 아니라 움직이는 경우도 마찬가지로 성립하

"와우! 이제 거의 다 끌어온 것 같애!!"
– 작용 반작용의 법칙은 더 가벼운 쪽이 끌려오게 만든다.

며 서로 붙어 있는 경우뿐만 아니라, 서로 떨어져서 작용하는 힘인 전기력, 자기력, 중력에도 적용된다.

다시 줄다리기를 생각해보자. 내가 줄을 잡아당기면 상대방에게서도 작용 반작용에 의해 나도 같은 크기의 힘을 받는다. 그러므로 내가 줄을 세게 당기면 나도 세게 당겨지기 때문에 오히려 줄을 당기면서 내가 앞으로 끌려갈 수도 있다. 결국 줄다리기는 줄을 누가 세게 당기냐의 문제가 아니라, 누가 얼마만큼 잘 버틸 수 있는가에 대한 마찰력 싸움이라고 할 수 있다. 물론 줄을 세게 당기기 위해서는 그만큼 잘 버틸 수 있는 잠재력이 있기 때문에 힘이 센 쪽이 이기는 경우가 많다.

그렇다면 같은 조건일 때 줄다리기를 잘하는 쪽은 어디일까? 물리적으로 생각하면 무거운 쪽이 이길 수 있는 확률이 높다. 바로 작

용 반작용 때문인데, 작용과 반작용의 힘의 크기가 같다면 질량이 큰 쪽이 가속도가 작을 것이다. 즉, 무거우면 속력의 변화가 작아 흔들림이 적다고 말할 수 있다. '줄다리기에서 이기려면 많이 먹어라.' 물리에서는 줄다리기의 우승요건을 이렇게 말할 수 있다.

Physics

등가속도 직선운동

높은 곳에서 떨어지면
언제 땅에 떨어질까?

15

사람이 높은 곳에서 떨어지면 그 짧은 시간에도 그동안의 일들이 파노라마같이 스쳐지나간다는 말을 하곤 한다. 물론 그것을 확인하기 위해서 63빌딩이나 남산타워에서 뛰어내릴 수는 없지만, 실제로 높은 빌딩에서 뛰어내리면 땅에 떨어질 때까지 어느 정도 시간이 걸리는지는 상당히 궁금하다.

앞에서 뉴턴의 운동법칙을 이용하면 어떤 물체에 힘이 작용했을 때 그 물체가 앞으로 어떻게 운동하는지를 거의 정확하게 알 수 있다고 했으니, 이를 적용해보자. 좀 복잡한 공식이 나오기 때문에 어려워할 수도 있지만, 재미있는 것은 이 세 가지 공식을 이용하면 여러분들이 원하는 대부분의 궁금증을 해결할 수 있다는 것이다.

| 등가속도 직선운동 |

1. $v = v_0 + at$
2. $s = v_0 t + \dfrac{1}{2} at^2$
3. $2as = v^2 - v_0^2$

이 세 가지 식은 등가속도 직선운동을 하는 물체의 운동을 나타낸다. 첫 번째 식은 일정한 시간(t)이 지난 후 물체의 속도를 알려주는 식이다. 그리고 두 번째 식은 일정한 시간(t)이 지난 후 물체의 변위, 즉 위치를 나타내는 식이고, 세 번째 식은 물체의 속도와 변위와의 관계를 나타내는 식이다.

그럼 이 식들은 어떻게 나왔을까? 우선 첫 번째 식을 보자. 이 식은 좀더 살펴보면 가속도의 정의와 같다는 것을 알 수 있다. 즉, 가속도는 속도의 시간변화량이기 때문에 아래의 공식

$$a = \frac{v - v_0}{t}$$

을 변화시키면 나온다.

그럼 두 번째 식은 어떻게 구할 수 있을까? 바로 앞에서 시간과 속

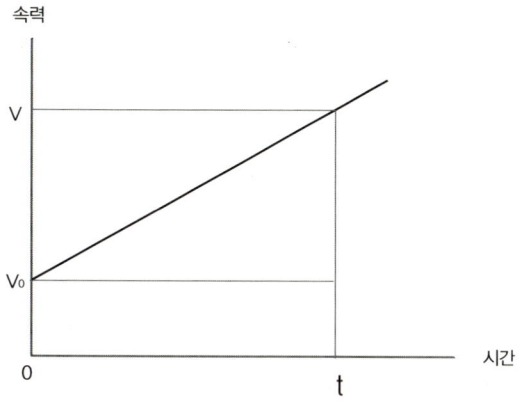

력 그래프에서 거리를 구하는 방법을 이용하면 가능하다. 등가속도 운동은 일정하게 속력이 증가하기 때문에 시간과 속력의 그래프는 아래와 같이 될 것이다.

속력과 시간 그래프에서 이동거리는 넓이이다. 그러므로 위 그림 에서와 같이 삼각형과 사각형의 넓이를 합하면 된다. 여기서 시간 t 후의 속력은 첫 번째 식으로부터 구할 수 있기 때문에 우리는 두 번째 식을 쉽게 구할 수 있다.

$$s = v_0 \times t + \frac{1}{2}(v-v_0) \times t$$
$$= v_0 t + \frac{1}{2} at^2$$

그리고 세 번째 식은 첫 번째 식과 두 번째 식에서 시간 t를 제거하여 합치면 쉽게 구할 수 있다.

좀 어렵게 공식들을 유도했지만, 이 식들은 역학에 대해서 절반 이상을 이해했다고 할 수 있을 만큼 중요한 내용이 담긴 식이다.

그럼 다시 앞에서 말한 높은 빌딩에서 떨어졌을 때 땅에 도달하는 데 걸리는 시간을 구해보자. 아직도 왜 이것과 등가속도 직선운동이 관련이 있는지를 모를 수도 있다. 그런 사람들은 가속도와 힘의 관계를 생각하면 된다.

$F = ma$에서 등가속도라는 말은 가속도 a가 일정하므로 힘 F도 일정하다는 것이다. 즉, 등가속도 직선운동은 일정한 힘이 주어졌을

"이런 거 시간 재지 말란 말이다!!"
"…죄송해용 아저씨, 학교 과제라서요…"

때 나타나는 운동으로, 우리 주위에서는 중력이 작용할 때의 운동을
생각해볼 수 있다. 따라서 높은 빌딩에서 떨어지는 사람에게 작용하
는 힘은 중력밖에 없으므로 이러한 자유낙하의 경우에는 가속도를
중력가속도 g를 사용하면 된다. 또한 처음에 속력이 0(영)이기 때문
에 앞의 등가속도 직선운동의 식은 다음과 같이 바꿀 수 있다.

| **자유낙하 운동** |

1. $v = v_0 + at$　　　$\rightarrow$　　$v = gt$

2. $s = v_0 t + \dfrac{1}{2} at^2$　　$\rightarrow$　　$s = \dfrac{1}{2} gt^2$

3. $2as = v^2 - v_0^2$　　$\rightarrow$　　$2gs = v^2$

따라서 높이 s인 빌딩에서 떨어지는 경우 땅에 도달할 때까지의 시
간은 두 번째 식에서

$$t = \sqrt{\frac{2s}{g}}$$

로 구할 수 있다. 만약 100m 높이에서 떨어지면 약 4.5초 후에 떨어
진다. 물론 실제로는 공기의 저항 때문에 이보다는 조금 더 길어질
것이다.

Physics

16

나무에 매달린 바나나를 맞춰라 **포물선운동**

100m 정도 떨어져 있는 나무에 원숭이 한 마리가 매달려 있다. 포수가 이 원숭이를 맞추려고 한다. 그런데 총알이 발사될 때 이것을 본 원숭이는 놀라서 떨어지는데, 그렇다면 포수는 어디를 겨냥해야 할까? 원숭이를 겨냥해야 하나 아니면 떨어지는 것을 고려해서 약간 아래를 겨냥해야 하나?

이것은 물리 문제 중 아주 유명한 문제로 소위 '원숭이 문제', '원숭이 맞추기'라고 불린다. 이 문제에 대한 답은 포물선운동에 대한 이해에서 출발한다.

| 포물선운동 |

지표면 근처에서 비스듬히 던진 물체는 포물선운동을 하며, 수평방향으로는 등속운동, 수직방향으로는 등가속도운동을 한다.

앞에서 힘을 받지 않는 물체는 일정한 속도로 움직이는 등속운동을 하고, 일정한 크기의 힘을 받는 경우에는 가속도의 크기가 일정한

"…글쎄요, 제 생각엔 그런 거 계산 안 하구 대충 쏴도 맞을 거 같은데…"

등가속도 운동을 한다고 배웠다. 즉, 물체가 어떤 운동을 하는지는 그 물체에 작용하는 힘이 무엇인지를 생각하면 조금 쉽게 다가갈 수 있다.

우선 공 던지기를 생각해보자. 사람이 공을 비스듬하게 던지면 이 공은 포물선운동을 한다. 이 공에 작용하는 힘은 무엇일까? '사람이 던지는 힘?'이라고 말하는 사람들도 많이 있다. 물론 처음에 공이 날아가기 위해서는 힘이 필요하지만, 이때 힘은 공이 처음 움직이게 하는 역할을 할 뿐이다. 공이 날아가는 동안 사람이 계속 공을 잡고 있지는 않으니까. 그럼 이 공에 작용하는 힘은 무엇일까? 바로 중력이다. '아, 중력!'이라고 말하면서 너무나 쉽기 때문에 오히려 답이

아닌 줄 알았다고 생각하지는 않은지?

앞에서 힘을 알면 이 물체의 운동을 알 수 있다고 했다. 바로 포물선운동을 하는 공에 작용하는 힘은 아래쪽(지구 중심 쪽)으로 작용하는 중력밖에는 없기 때문에 이 중력에 의한 효과만 고려하면 된다.

포물선운동을 분석할 때 가장 많이 사용하는 것이 바로 수평방향과 수직방향으로 운동을 나누어서 생각하는 것이다. 어렵게 말하면 벡터의 의미이지만, 쉽게 생각하면 포물선운동을 하는 물체를 위에서 보았을 때의 모습과 앞에서 보았을 때의 모습으로 구분한다는 것이다. 중력은 아래쪽으로만 작용하기 때문에 수직방향의 운동에 작용하고, 수평방향의 운동에는 아무런 힘도 작용하지 않는다. 결국 수평방향으로는 힘이 없기 때문에 등속운동을 하고, 수직방향으로는 일정한 크기의 중력이 작용하기 때문에 등가속도운동을 하는 것이다. 바로 이런 두 가지 운동 상태를 합치면 포물선운동이 만들어진다.

그렇다면 어떻게 원숭이 문제에 대한 답을 구할 수 있을까? 포물선운동을 이해했다면 답을 말할 수 있을 것이다. 답은 바로 원숭이를 직접 겨냥해서 발사해야 한다는 것이다. 총구를 떠난 총알에는 중력만 작용한다. 따라서 결국 총알은 우리가 위에서 이야기한 포물선운동을 하게 된다. 결국 총알이 발사될 때 이것을 본 원숭이가 떨어지지만, 원숭이에 도달할 때쯤 총알도 원숭이가 떨어진 만큼 떨어

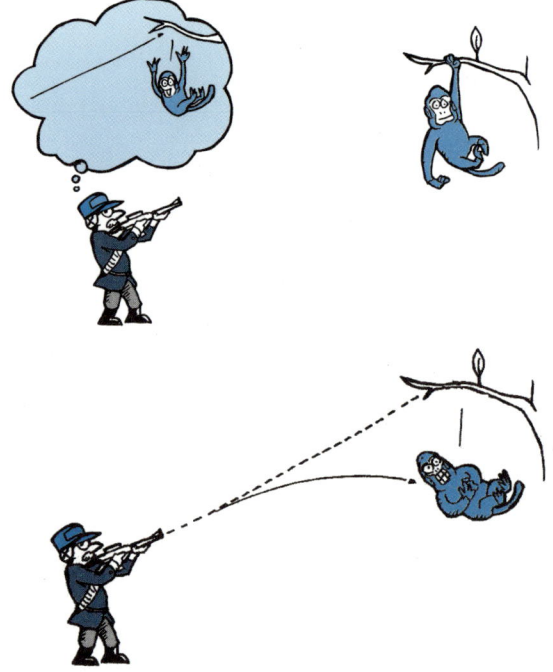

지게 된다. 결국 원숭이는 총알과 함께 떨어지면서 맞게 될 것이다.
물론 실제로는 총알의 회전운동, 공기저항 등의 여러 요인에 의해서
복잡해질 것이다.

Physics

17

빙글빙글 일정한 속력으로 계속 돌아라 **등속원운동**

앞에서 속력이 변하지 않는 운동을 등속운동이라고 배웠다. 그리고 어떤 물체에 가해지는 힘이 없으면 그 물체는 가속도가 영(0)인 등속운동을 한다고 했다. 그렇다면 '물체에 작용하는 힘은 있지만 속력이 변하지 않는 운동'이 있을까?

사실 이 문제에 대한 답은 중학교 2학년 정도의 과학 수준만 되어도 쉽게 답할 수 있다. 그렇지만 오히려 고등학교 이상의 수준이 되면 오히려 답하기 어려운 문제일 수도 있다. 물론 위의 제목에 이미 답이 나와 있기 때문에 답하지 못하는 사람은 없겠지만….

바로 이번에는 등속원운동에 대해서 생각해보려고 한다.

지구 주위에는 수많은 인공위성이 있다. 그런데 이 인공위성은 아무런 에너지를 공급하지 않아도 지구로 떨어지지 않는다고 한다. 그 이유는 무엇일까? 그리고 원운동과 관련지어 항상 이야기하는 구심력과 원심력은 과연 어떤 차이가 있을까?

| 등속원운동 |

물체가 원궤도 위를 일정한 속력으로 도는 운동

앞의 질문에 대한 답을 쉽게 떠올리지 못한 사람은 바로 속력과 속도의 차이점에 대해 잘 이해하지 못했기 때문이다. 이것은 우리가 앞에서 등속운동을 이야기할 때는 가속도에 대해 공부하기 전이었기 때문에 어쩔 수 없이 나타난 결과로, 사실 등속운동은 '속력이 일정한 운동'이 아니라, '속도가 일정한 운동'으로 다시 정의를 내려야 할 것이다. 따라서 등속원운동은 속력은 같지만 원궤도를 따라서 방향이 계속 변하는 운동으로 이해하면 된다.

ㅋㅋㅋ. 너희들이 내 손아귀를 벗어날 수 있을 거 같아?
– 지구의 중력이 궤도 운동의 구심력이다.

원운동은 방향이 계속 변하는 운동이기 때문에 원운동이 지속되기 위해서는 당연히 힘이 작용해야 한다. 앞에서 운동의 법칙에서 물체에 가속도를 내기 위해서는 그 가속도와 질량을 곱한 크기의 힘($F=ma$)이 필요하다는 것을 배웠는데, 원운동을 지속시키는 힘을 구심력이라고 한다.

그럼 구심력은 어느 방향으로 작용해야 할까? 다음 그림을 보자.

등속원운동을 하는 물체는 항상 어느 지점이든지 속력은 같고 방향은 원의 접선방향을 향한다. 그림에서 A지점에 있는 물체의 속도를 v_1이라고 하고, A와 가까운 B지점에 있는 물체의 속도를 v_2라고 하면 이 두 속도의 차이는 다음 그림과 같이 나타난다. 바로 이 화살표의 방향이 바로 구심가속도, 즉 구심력의 방향이 되는 것이다. 좀

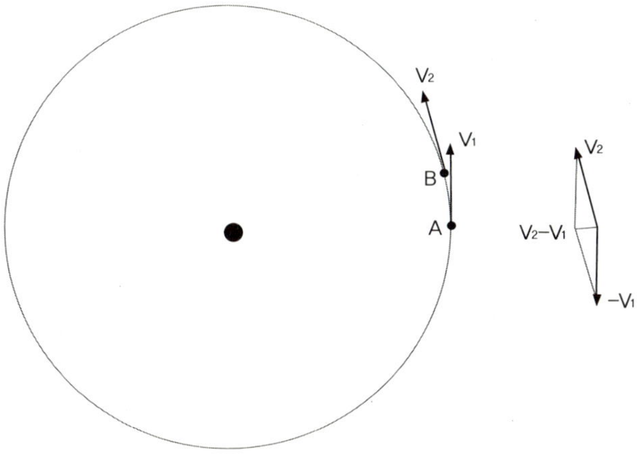

더 정확하게 그린다면 원운동을 지속하기 위해서는 원의 중심방향으로 힘이 작용해야 한다.

투포환을 던지는 선수가 포환을 놓게 되면 원의 접선방향으로 날아간다. 이렇게 날아가려고 하는 포환을 계속 원운동하게 만들려면 계속 안쪽으로 방향을 꺾어주어야 하는데, 이렇게 하기 위해서 포환을 잡아당기면서 돌려야 한다. 이것이 바로 원운동을 하게 만드는 구심력이다.

눈에는 잘 보이지 않지만, 지구 위에는 수많은 인공위성이 돌고 있는데, 이 인공위성도 지구 주위의 일정한 궤도로 등속원운동을 하고 있다. 이때도 구심력이 필요한데, 지구가 인공위성을 잡아당기는 힘인 중력이 바로 구심력이 된다.

Physics

18 홈런을 잘 치려면? 운동량과 운동량 보존 법칙

대부분의 스포츠 경기는 규격이 정해진 장소에서 이루어지고, 그곳을 벗어나면 실격으로 처리한다. 그러나 예외가 있다. 다른 사람들의 비난을 듣기는커녕 오히려 환호와 함께 갈채를 받는 경우, 바로 야구에서의 홈런이다.

홈런타자가 홈런을 치는 비결을 물어보면 보통 두 가지로 이야기한다. 어떤 선수는 다른 선수보다 무거운 배트를 사용하기 때문에 홈런을 잘 친다고 하고, 또 다른 선수는 가벼운 배트를 사용하지만, 빠르게 스윙을 하기 때문에 홈런을 많이 칠 수 있다고 이야기한다. 무거운 배트와 가벼운 배트 모두 홈런을 만들어낼 수 있다니… 약간은 모순이지만, 이 배트의 무게와 배트를 휘두르는 빠르기가 홈런을 만들어내는 비결인 것이다.

| 운동량 |

물체의 운동 정도를 나타내는 양으로 질량과 속도의 곱으로 나타낸다.

운동량(p) = 질량(m) × 속도(v)

| 운동량 보존 법칙 |

외부에서 힘이 작용하지 않는 경우 총 운동량은 보존된다.

여러 가지 물체가 운동할 때, 어떤 물체가 '더 잘 운동하고 있다'고 말할 수 있을까? 예를 들어 같은 속도로 움직이는 자동차와 큰 트럭이 있다고 할 때, 어느 것이 멈추게 하기 어려울까? 또 같은 질량의 차 두 대가 다른 속도로 움직일 때, 어느 차가 '더 잘 움직인다'고 표현할까? 대답은 간단하다. 물체가 무거울수록 또 더 빠를수록 그 물체는 '더 잘 움직이고', 멈추게 하기도 힘들다고 할 것이다.

이와 같이 물체가 얼마나 잘 운동하는지를 나타내는 양이 바로 운동량이다. 그리고 물체의 질량과 속도에 비례하는 양이기 때문에 운동량은 질량과 속도의 곱으로 나타낸다.

물리에서 운동량은 에너지와 함께 아주 중요한 역할을 하는 양인데, 바로 '운동량 보존 법칙'으로 구체화된다. 운동량 보존 법칙은 단순하게 생각하면 운동량은 보존된다는 것인데, 이는 하나의 물체에만 적용되는 것이 아니라, 물체들이 서로 충돌하거나 쪼개지는 모든 경우에 이 물체들 전체에 적용되는 종합 법칙이 된다. 즉 외부에서 작용하는 힘이 없다면, 그 내부계의 운동량 총합은 항상 일정한 값을 가져야 한다는 것이다.

운동량 보존을 아주 확실하게 볼 수 있는 것이 바로 로켓이다. 우주왕복선이나 인공위성을 발사하는 장면을 보면 실제 우주까지 날

"질량이 커야 운동량이 커진다는 거 아시잖아요…배트를 좀 무겁게 만들다보니…^^"
"…그게 아닌 거 같은데?"

아가는 것은 아주 작고, 그것을 쏘아올리기 위한 로켓이 훨씬 더 크다. 그것은 우주로 나가기 위해서는 지구의 중력을 이겨내면서 탈출해야 하므로 많은 에너지가 필요하다.

로켓은 이 액체 연료를 뒤쪽으로 분출하는데, 이때 반작용으로 앞으로 나아간다. 이것을 운동량 보존으로 설명해보자. 운동량의 총합은 분출하기 전과 후가 똑같아야 한다는 것이 운동량 보존이다. 그런데 뒤쪽으로 연료를 분출하면 로켓의 운동방향과 반대방향이므로 음의 운동량을 갖는다. 따라서 분출 전과 같은 운동량을 갖기 위해서는 속도가 더 증가해야 한다.

또 로켓을 보면 연료통을 중간 중간에 버리는 것을 볼 수 있는데, 이것이 바로 다단로켓이다. 다단로켓은 연료가 연소되는 대로 버리

는 데, 질량을 줄이는 효과가 있다. 따라서 운동량은 보존되기 때문에 작아진 질량을 보충하기 위해서 속력이 증가하는 효과도 얻을 수 있다.

운동량을 이야기할 때 같이 이야기하는 것이 바로 충격량으로, 실제 생활에서 충격량과 운동량의 의미는 몸에 깊숙이 배어 있다. 높은 곳에서 뛰어내릴 때 자동적으로 무릎을 굽히는 것이 바로 충격량과 관련이 있다.

충격량은 운동량의 변화량이다. 결국 물체의 운동 상태를 변화시키려면 힘이 필요한데, 물체의 운동 상태를 나타내는 양이 운동량이라면 운동 상태를 변화시키는 힘에 해당하는 양이 바로 충격량이다.

충격량은 충격력과 시간을 곱하면 얻을 수 있다. 따라서 운동량의 변화량인 충격량은 일정하게 유지한 상태에서 충격력을 줄이기 위해서는 어떻게 해야 할까? 바로 시간을 길게 하는 방법이다. 예를 들어 높은 곳에서 떨어지는 것을 상상해보자. 높은 곳에서 뛰어내릴 때 땅에 발바닥이 닿는 순간 몸을 움츠리면서 무릎을 굽히는데, 이것도 땅에 닿아 몸이 정지할 때까지의 시간을 길게 함으로써 충격력을 줄이는 효과를 보인다. 딱딱한 콘크리트보다 푹신한 매트리스를 깔아놓으면 다치지 않는 것과도 같은 이치이다.

Physics

19

의자를 들고 있는 것은
일을 하는 것이 아니라고?

일과 에너지

철수는 수업시간이 시작되었는데도 계속 장난을 치다가 선생님께
야단을 맞고는 교실 앞쪽에서 의자를 들고 앉아 있는 벌을 받았다.
시간이 지나자 팔이 점점 더 아파오고 얼굴에는 땀이 흘렀다.

자리에 들어가 앉아 있던 철수에게 선생님이 물었다.

"철수야, 너는 지금 얼마큼 많은 일을 했을까?"

철수는 머뭇거리면서 대답을 하지 못했다. 그러자 선생님은 철수
가 한 일은 아무것도 없다고 말씀하셨다. 철수는 이렇게 팔이 아프
고 또 에너지를 많이 써서 배도 고파오는데, 선생님이 왜 아무런 일
을 하지 않았다고 이야기하는지 이해할 수 없었다. 그것은 친구들도
마찬가지였다.

| 일 |

· 일 = 힘의 크기 × 이동거리   · 이동거리는 힘의 방향으로의 이동거리

| 에너지 |

일을 할 수 있는 능력

이 물리책에 의하면 말이야…자네는 이동거리가 0이니까
전혀 일을 한 게 아니라는군, 유감스럽게도 말이야…

우리는 '일'이라는 말을 아주 많이 사용한다. 단순히 일을 했다고 이
야기하기도 하지만, 누가 더 많이 일을 했는지에 대한 이야기를 많
이 한다. 우선 우리는 일을 했다고 말할 때, '힘을 썼다'는 말을 같이
하는 경우가 많다. 즉, 일을 이야기할 때 반드시 힘이 필요하다는 것
이다. 어떤 일을 할 때 힘을 두 배로 하면 한 일의 양은 어느 정도가
될까? 당연히 두 배의 일을 한 것이다. 즉, 물체에 작용하는 힘이 클
수록 한 일은 많아진다.

그렇다면 일의 양을 구하기 위하여 또 알아야 할 것은 무엇일까?
바로 힘을 주었을 때 그 물체가 이동한 거리이다. 같은 힘을 주었을
때 물체가 이동한 거리가 길수록 한 일도 많아지는 것이다. 이와 같
이 한 일의 양은 작용한 힘의 크기와 이동거리에 비례하기 때문에

둘을 곱해 구할 수 있다.

그런데 여기서 이동거리는 좀 생각해보아야 한다. 일반적으로 힘을 준 방향으로 움직이는 것이 보통이지만, 그렇지 않은 경우도 있다. 예를 들어 썰매를 끈다고 할 때, 썰매를 끄는 방향과 실제로 썰매가 나아가는 방향과는 다른 경우가 많다.

이렇게 힘을 준 방향과 이동한 방향이 다른 경우 한 일의 양은 둘을 곱했을 때 나오는 양보다 줄어든다. 실제로 그 값을 구하기 위해서는 이동거리를 '힘의 방향으로의 이동거리'로 바꾸어야 한다.

그렇다면 힘이 들었다고 해서 모두 일을 한 것일까? 앞에서 철수는 무거운 의자를 들고 있느라 힘을 많이 썼는데, 선생님은 한 일이 없다고 했다. 그것은 과연 무엇 때문일까?

일의 정의로 되돌아가보자. 물리에서는 일을 했다고 할 때 그냥 일을 했다고 하지 않고, '누가 누구에게 일을 했다'고 말한다. 즉, 철수가 의자를 들고 있을 때 '철수는 의자에게 일을 했는가?'와 같은 물음을 생각해보아야 한다는 것이다. 철수는 의자를 들고 있기 위해서 의자에 작용하는 중력과 같은 크기만큼의 힘을 주었지만, 실제로 의자는 움직이지 않았기 때문에 의자에게는 아무런 한 일이 없다. 즉 일을 할 때는 그 대상도 중요하다.

일과 비슷한 의미로 우리는 '에너지'라는 말을 많이 사용한다. 에너

지는 일을 할 수 있는 능력을 말하는데, 우리는 물체에 일을 해주었을 때 그 물체는 받은 일만큼 에너지가 커지고, 일을 한 물체의 에너지는 작아진다. 즉, 에너지와 일은 서로 바꾸어가면서 존재하는 것이다.

그런데 철수가 의자를 들고 있으면 철수는 많은 에너지를 소모한다. 그렇다면 철수가 소모한 에너지가 의자에게 일을 해준 것이 아니라면 어디로 가버린 것일까? 준 사람은 있는데 받은 사람이 없다면 분명 중간에 어디로 사라져버렸다는 말이다. 바로 철수의 얼굴이 벌겋게 달아오르는 것처럼 열에너지의 형태로 나타날 것이다. 또한 철수가 의자를 들고 있을 때 근육에 있는 세포들은 그 상태를 유지하기 위해서 활발히 운동을 한다. 그렇지만 이런 세포들의 운동은 근육을 움직여 의자를 들어올리는 것으로 나타나지 않기 때문에 의자는 아무런 에너지도 얻지 못한다.

Physics

20

떨어지는 것은 에너지가 있다? **위치에너지**

고층 건물에 화재가 나면 높은 곳에 있는 사람들을 구하기 위해 밑에 커다란 에어매트를 설치하여 떨어지는 사람들이 다치는 것을 막아준다. 또 암벽을 올라가는 사람들은 혹시 일어날지 모르는 사고를 예방하고자 자일을 사용하고, 공사장에서는 떨어지는 물체에 대비하여 안전 모자를 쓴다. 이런 모든 것들은 모두 위에서 떨어지는 것과 관련이 있다. 우리는 이렇게 높은 곳에 있는 물체에 관련된 에너지에 대해서 이야기하고자 한다.

| 위치에너지 |

· 물체의 위치에 따라서 정해지는 에너지

· 위치에너지 = 무게 × 높이

= 9.8 × 질량 × 높이

공사장 밑은 지나가다 보면 위에서 무엇인가 떨어지지 않을까 조심하게 된다. 왜냐고? 이렇게 위에서 떨어지는 물체는 아래에 있는 물

83

체를 손상시킬 수 있을 만큼 큰 에너지를 가지고 있다. 이렇게 물체의 위치에 따라서 정해지는 에너지를 바로 위치에너지라고 한다.

그렇다면 위치에너지의 크기는 무엇과 관련이 있을까? 2층에서 밑으로 작은 모래 한 알과 큰 돌멩이 하나를 던졌을 때, 어느 것이 더 많은 에너지를 가지고 있는지에 대해서는 누구나 쉽게 대답할 것이다. 당연히 돌멩이 쪽이 맞았을 때 더 아플 테니까 모래보다 더 큰 에너지를 가지고 있다고 답할 것이다. 그렇다면 왜 더 아플까? 더 크기 때문에? 크기와 관련이 있다면 아주 큰 풍선을 떨어뜨렸을 때 어떻게 될 것인가를 생각해보면 된다. 당연히 크기와는 상관이 없다는 것을 알 수 있다. 그렇다면 결론은 하나. 바로 무게와 관련이 있다. 즉, 물체가 가지는 위치에너지는 무게가 크면 클수록 더 커진다.

그럼 무게 이외에 어떤 것과 관련이 있을까? 2층에서 떨어뜨린 돌멩이와 10층에서 떨어뜨린 돌멩이를 비교해보면 쉽게 찾아낼 수 있다. 바로 떨어지는 높이와 관련이 있는 것이다. 결국 앞의 내용과 함께 종합하여 설명하면 위치에너지는 물체의 무게와 높이를 곱하여 얻을 수 있는 양이다.

물체의 무게는 바로 지구가 당기는 힘의 크기이고, 1kg의 물체에 작용하는 물체의 무게는 9.8N이기 때문에 다음과 같이 쓸 수 있다.

위치에너지 = 무게 × 높이

또는 위치에너지 = 9.8 × 질량 × 높이

"이 배터리가 비싼 건 당연합니다. 손님.
지상에서 파는 것보다 더 많은 위치에너지를 가지고 있거든요!"

그런데 여기서 높이는 과연 무엇을 말하는 것일까? 만약 2층집 방
책상 위에 돌멩이가 하나 있다고 하자. 이 돌멩이가 가진 위치에너
지를 구하기 위해서는 돌멩이의 질량과 높이를 알면 되는데, 과연
높이는 어느 곳을 기준으로 재야 할까? 바닥에서부터 측정하는 것
일까? 아니면 집밖에 있는 땅을 기준으로 해야 할까? 동네마다 땅의
높이가 다르기 때문에 해수면을 기준으로 해야 할까?

교과서에서는 위치에너지를 구할 때 높이는 기준면을 잡아서 그
곳으로부터의 높이라고 되어 있는데, 그렇다면 기준면이 바뀌면 위
치에너지의 크기도 바뀐다는 말인가?

맞다. 위치에너지의 크기는 어느 곳을 기준으로 하느냐에 따라서 다른 값을 가진다. 그렇기 때문에 위치에너지의 크기를 말할 때에는 반드시 기준면을 언급해야 한다.

이렇게 위치에너지에서 기준면이 나오는 것은 위치에너지의 개념을 다시 살펴보면 이해하는 데 좀더 도움이 될 수 있다. 사실 책상 위에 돌멩이가 하나 있다고 해도 이 돌멩이가 에너지를 가지고 있다고는 생각되지 않는다. 바로 이 돌멩이가 밑으로 떨어져야만 에너지를 가지고 있다고 생각할 수 있는 것이다. 결국 얼마큼 떨어진 것이냐가 중요하지 어느 곳에 있느냐가 중요한 것이 아니다. 즉, 위치에너지는 물체가 떨어졌을 때 나타나는 잠재적으로 가지고 있는 에너지이다.

Physics

21

시속 100km/h 이상으로
움직이는 자는 시한폭탄인가?

운동에너지

중학교 3학년 어느 과학교과서에 보면, 2001년 7월 25일자 신문 내용이 실려 있다.

> 관광을 마치고 귀가하던 관광버스가 언덕 아래로 떨어져 19명이 사망하는 교통사고가 발생했다. 경찰은 사고 현장에 50여m의 바퀴 흔적이 나 있는 것으로 보아 버스가 과속으로 달리다 브레이크를 밟았지만 차량이 미끄러지면서 사고가 났을 것으로 보고 계속 수사를 진행하고 있다.

이 기사가 의미하는 것은 무엇일까? 단순히 교통사고의 무서움을 강조하여 교통안전에 대한 이야기를 하려면 과학책이 아닌 도덕책에나 나왔을 법한 내용이다. 이 내용이 과학과 어떤 관련을 가지는지는 바로 자동차의 속도와 운동에너지의 관련되어 설명될 것이다.

| 운동에너지 |

· 운동하고 있는 물체가 가진 에너지로, 물체의 운동에너지는 질량에 비

례하고 속력의 제곱에 비례한다.

· 운동에너지 $= \dfrac{1}{2} mv^2$

옛날 우리 조상들은 흐르는 물을 이용하여 물레방아를 만들어 곡식을 찧는 데 사용하였다. 오늘날 물레방아를 주위에서 찾아보는 것은 어렵지만, 물의 양이 많을수록 또 물의 속력이 클수록 물레방아는 일을 더 잘 할 것이라고 유추하는 것은 어렵지 않다. 이처럼 움직이는 물체는 에너지를 가지고 있는데, 이런 에너지를 운동에너지라고 한다.

그렇다면 운동에너지의 크기는 무엇과 관련이 있을까? 위에서 예를 든 자동차로 생각해보자. 자동차가 달리다가 상자가 쌓여 있는 곳에 충돌했다고 할 때, 어떤 자동차로 부딪쳤을 때 상자더미에 더 큰 충격을 줄 수 있을까? 우선 차가 무거운지 가벼운지에 따라서 차이가 있다. 500kg의 차와 1000kg의 차가 똑같이 운동하다가 부딪쳤다면, 당연히 1000kg의 차가 2배만큼 더 큰 충격을 줄 것이다. 즉, 운동에너지는 질량에 비례한다는 것을 쉽게 이해할 수 있다.

그 다음 생각할 수 있는 것이 바로 차의 빠르기, 즉 속력이다. 속력이 작은 차에 비해 속력이 큰 차가 더 큰 충격을 줄 수 있다. 그렇다면 시속 60km/h로 움직이는 차는 시속 30km/h로 움직이는 차에 비해 2배의 운동에너지를 가지고 있는 것일까? 그렇지는 않다. 운동에너지는 속력이 증가하면 바로 제곱만큼 더 많이 증가한다. 따라서

속력이 2배라면 운동에너지의 크기는 4배로 증가하는 것이다.

그래서 고속도로에서 가장 크게 경고하는 것은 과속을 하지 말라는 것이다. 예전에 텔레비전 광고 중 하나가 이것을 아주 확실하게 보여주는데, 차가 달리다가 충돌할 때 받는 충격을 차가 높은 곳에서 떨어졌을 때 받는 충격으로 바꾸어서 보여주었다. 즉, 달리는 차가 가진 에너지를 위치에너지로 바꾸어서 보여준 것인데, 시속 30km/h로 움직이는 차가 갖는 충돌하였을 때는 불과 3.5m에서 떨어졌을 때 받는 충격과 같지만, 시속 60km/h로 움직이는 차는 약 14m, 시속 120km/h로 움직이는 차는 무려 56m의 높이에서 떨어졌을 때 받는 충격과 같다고 할 수 있다.

즉, 차의 속력이 2배, 4배로 증가하면 이때 이 차가 갖는 에너지는 제곱인 4배, 16배로 증가한다는 것이다. 그래서 시속 100km/h 이상으로 움직이는 차는 10층 높이의 외줄 위에서 곡예를 하는 것처럼 폭탄을 안고 있는 것이라고 생각할 수 있다.

Physics

역학적 에너지 보존 놀이공원에서는 에너지가 보존된다 **22**

유빈이는 친구들과 함께 이번주 일요일에 놀이공원에 놀러 가기로 했다. 신나는 롤러코스터를 탈 생각을 하면 벌써부터 손에 땀이 난다. 유빈이는 롤러코스터 광이다. 어떤 때는 무려 연속해서 열번을 타기도 했다. 이 다음에 커서 재미있는 롤러코스터를 설계하는 것이 꿈이다. 하지만 친구들은 롤러코스터보다도 바이킹을 더 재미있어 하는 데다가, 유빈이도 친구들과 같이 어울리고 싶어 롤러코스터보다는 바이킹을 더 많이 탄다.

그래도 유빈이는 하나도 서운하다는 생각을 하지 않는다. 사실 롤러코스터와 바이킹은 거의 같은 원리라는 것을 알고 있기 때문이다. 바로 위치에너지와 운동에너지가 서로 전환되면서 만들어지는 것이라는 것을….

| **역학적 에너지** |

물체의 운동에너지와 위치에너지의 합

| **역학적 에너지 보존법칙** |

위치에너지와 운동에너지의 합은 항상 일정하다.

롤러코스터를 잘 살펴보면 아주 재미있는 것을 발견할 수 있다. 아니 아무것도 발견할 수 없다는 것이 오히려 재미있는 것인가? 바로 롤러코스터에는 아무런 동력이 없다. 처음에 모터를 이용해서 롤러코스터를 가장 높은 곳까지 끌어올리면 그때부터는 저절로 롤러코스터가 움직인다. 그렇다면 롤러코스터가 한바퀴 돌 때 떨어지지 않는 것은 레일이 바퀴를 붙잡고 있기 때문일까?

젠장…왜 가운데를 지나갈 때 가장 빨리 흔들리는 거지?

바로 여기에 역학적 에너지 전환과 보존이 사용된다. 즉, 출발하기 전에 아주 높은 곳까지 끌어올리면 롤러코스터는 아주 큰 위치에너지를 갖는다. 이 롤러코스터가 밑으로 내려오면 높이가 낮아지면서 위치에너지가 작아지고, 이 작아진 크기만큼 운동에너지가 커진다. 즉, 롤러코스터가 내려올 때는 위치에너지가 운동에너지로 변하면서 롤러코스터의 속력이 증가한다.

그렇다면 롤러코스터의 속도가 가장 빠를 때는 언제일까? 속력이 가장 크다는 것은 운동에너지가 가장 크다는 것이고, 이것은 또 위치에너지가 가장 작다는 것을 의미한다. 즉, 가장 밑에 있을 때 롤러코스터의 속력은 가장 빠를 것이다.

이것은 바이킹에서도 같다. 바이킹도 양쪽 끝에서 가장 높이 올라가 있고, 이것이 바닥으로 내려오면서 위치에너지가 운동에너지로 바뀌면서 속력이 점점 증가한다. 반면에 바닥을 지나서부터는 운동에너지가 위치에너지로 바뀌면서 속력이 줄어들고 높이가 커지는 것이다. 즉, 바닥에서 제일 빠르다. 역시 모든 지점에서 운동에너지와 위치에너지는 한쪽이 줄어들면 반대쪽이 늘어나 둘의 합인 역학적 에너지는 항상 같은 값을 유지한다.

그렇지만 엄밀히 말하면, 우리가 사는 세상에서 역학적 에너지가 보존되는 것은 그리 찾아보기 힘들다. 바로 공기의 저항이나 마찰 때문이다. 아주 높은 곳에서 떨어지는 빗방울이 역학적 에너지 보존으로 생각하면 무시무시하게 빠른 속도가 되어 빗방울에 의해 건물

이 파괴될 수도 있을 것이다. 물론 실제로는 그런 일이 일어나지 않는다. 바로 공기가 있기 때문이다. 즉, 공기는 우리가 숨쉬게 해주는 것 이상으로, 또 우리를 보살펴준다.

Physics

빛의 직진과 레이저 누가 빛이 똑바로 간다고 했는가?

23

커다란 돋보기를 찾아내서 검은 색지를 태우며 개미를 쫓아다니고, 또 삼촌에게 빌린 망원경으로 주위를 둘러보면서 즐거워했던 기억은 누구나 한번은 있을 것이다. 이런 모든 현상들은 바로 빛이 있기 때문에 가능하다.

우리는 초등학교 시절 바늘구멍 사진기를 만들어본 경험이 있다. 스크린에 거꾸로 맺힌 상을 보면서 신기해하면서도 왜 이런 현상이 일어나는지에 대해 명쾌하게 설명할 수 있는 사람은 그리 많지 않을 것이다. 앞으로 빛의 여러 가지 성질들에 대해서 알아보자. 그중에서도 누구나 당연한 것으로 믿고 있는 '빛은 직진한다'는 사실에서 출발할 것이다.

| 빛의 직진 |
빛은 공간 속에서 똑바로 나아간다.
| 레이저 |
유도방출에 의하여 빛을 증폭시킨 것으로 보통 빛에 비하여 순수하며 퍼

지지 않고 직진한다.

오늘날 우리는 빛이 휘어지지 않고 똑바로 나아간다고 믿고 있다. 사실 우리 주위를 둘러보면 대부분 직선으로 만들어져 있다. 집안도 네모 반듯하고, 창문, 텔레비전, 냉장고, 책, 공책들 모두 직선으로 되어 있다.

그렇지만 이런 인공적인 구조물을 빼면 직선으로 되어 있는 것을 찾는 것은 아주 어렵다. 나뭇가지가 곧게 뻗어 있는 것도 있지만, 이것을 직선이라고 단정하기는 어렵다. 주위에 있는 나무들, 바위들, 동물들은 모두 구불구불한 곡선을 하고 있다. 그렇다면 옛날 우리 선조들은 무엇을 보고 직선의 개념을 생각해냈을까?

학자들은 인류의 역사에서 직선의 시작을 빛을 통하여 설명하고 있다. 여름날 소나기가 내린 후 구름 사이를 뚫고 내려오는 햇살을 본 적이 있는가? 아니면 창틈으로 들어오는 햇살을 본 적이 있는가? 이는 완벽하게 우리가 찾고 있는 직선의 모습이었다. 바로 우리 선조들은 이러한 햇살을 보고 직선을 생각해냈을 것이다.

손전등을 가지고 산에 올라가서 먼 곳을 비추면 거의 밝아지지 않는 것을 볼 수 있다. 빛이 직진한다면 밝아져야 하는데, 그렇지 않으면 다른 무엇가가 있는 것이 아닐까? 빛이 직진하지 않는 것은 아닐까? 아니다. 빛은 직진하지만 퍼져 나가기 때문에 약해져서 그렇다.

"이봐, 다스베이더. 몇 번을 말해야 알아? 우린 이렇게 휘어진 광선검이 필요하다고."
"광선검은 도저히 휠 수가……"

우리는 먼 곳까지 퍼지지 않고 나아갈 수 있는 빛을 원했다. 그런 소망이 '레이저' 라는 이름을 가진 기계로 태어났다. 우리는 레이저라고 하면 영화에 나오는 레이저로 된 칼이나 총을 생각하지만, 실제로 우리 주위에는 레이저가 이용되는 곳이 아주 많다. 레이저는 직진한다는 성질 이외에도 아주 순수한 한 가지 색을 띠고 있고, 또 높은 에너지가 밀집해 있기 때문에 CD 플레이어와 같은 생활기기에서부터 의료용기기, 산업용 기기 등에 골고루 사용되어, 20세기 10대 기술 중 하나로 손꼽힌다. 보통 레이저라고 하면 빨간 광선을 떠올리는데, 이것은 레이저에 사용되는 재료 때문에 그런 것이다. 요즘 사용되는 레이저는 녹색이나 파란색 레이저도 있고, 우리 눈에 보이지 않는 레이저도 많이 있다.

그런데 20세기에 들어오면서 빛이 직진한다는 개념이 조금 수정되었다. 그것은 아인슈타인의 작품이었다. 아인슈타인은 상대성이론이라는 매우 훌륭한 이론은 만들어냈는데, 이 이론 중 하나가 빛이 무거운 물체 주위에서는 휘어진다는 것이었다. 물론 이 이론이 세상에 나왔을 때에는 거의 대부분의 사람들이 믿지 않았다. 그렇지만 1919년에 일어난 개기 일식에서 빛이 휘어진다는 아인슈타인의 이론이 맞다는 것이 드러났다.

그렇지만 오늘날도 빛은 직진한다고 말한다. 아인슈타인에 의해 수정된 것은 빛이 휘어지는 것이 아니라, 공간이 휘어지는 것으로 이해하고 있다. 즉, 무거운 물체 주위에서는 공간이 휘어지고 이 휘어진 공간 속으로 빛은 직진한다는 것이다. 보다 정확히 말하면 빛은 공간 속에서 가장 빠른 경로로 진행한다는 것으로 빛의 직진을 설명할 수 있다.

Physics

반사의 법칙
전신을 다 보기 위해서는
얼마나 큰 거울이 필요할까?

24

昔聞洞庭水

今上岳陽樓

吳楚東南拆

乾伸日夜浮

親朋無一字

老去有孤舟

戎馬關山北

憑軒涕泗流

이것은 중국 당나라 때 유명한 시인인 두보가 지은 〈등악양루(登岳陽樓)〉라는 시이다. 그는 악양루에 올라가 동정호를 바라보면서 그 광대하고 장려한 모습에 비춰 자신의 초라함을 노래했다. 이 시의 네 번째 행인 '건신일야부' 는 '하늘과 땅이 밤낮으로 떠 있다' 는 뜻이다.

물리를 이야기하면서 갑자기 시조를 읊다니 무슨 일일까? 바로

98

우리는 여기서 동정호에 비춘 산과 하늘의 모습을 통하여 반사를 이야기하려고 한다.

| 반사의 법칙 1 |
빛이 물체에 닿아 반사할 때 입사각과 반사각은 같다.

바람 한 점 없는 아주 맑은 날 호수가를 거닐어본 적이 있는가? 그 호수에 비친 반대편 산의 모습은 위의 두보의 시조처럼 우리에게 아주 깊은 감동을 준다. 이것이 어떻게 가능한지를 설명하기 위해서 우리는 반사의 법칙을 이야기한다. 보통 반사의 법칙은 초등학교 때부터 경험적으로 잘 알고 있는 것이기 때문에 특별히 이야기하지 않아도 쉽게 알 수 있다. 그렇지만 한 가지 잊은 것이 있다. 바로 우리가 살고 있는 세상은 2차원이 아니라 3차원이다. 그렇기 때문에 우리는 두 번째 반사의 법칙을 도입해야 한다. 바로 '입사되는 빛과 반사되는 빛은 같은 평면상에 있어야 한다' 이다.

| 반사의 법칙 2 |
입사광선과 반사광선은 같은 평면에 있다.

반사의 법칙이 가장 잘 적용되는 것이 거울이다. 그렇다면 서 있을 때 우리 모습 전체를 보기 위해서는 얼마나 큰 거울이 필요할까? 키

보다 큰 거울이 있어야 할까? 아니면 키보다 작은 거울로도 가능할까? 설마 키와 똑같은 크기의 거울이 필요한 것은 아닐까? 이것을 알기 위해서는 간단하게 아래와 같이 그림을 그리면 된다.

머리 끝과 발 끝을 볼 때에는 그림처럼 거울에서 반사가 이루어져야 하는데, 이때 필요한 거울의 크기는 바로 자기 키의 딱 절반이다. 그러니까 키만큼 큰 전신거울이 꼭 필요한 것은 아니다.

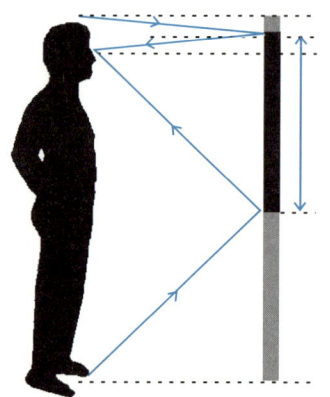

Physics

25

거울로 불을 붙이자 **볼록거울과 오목거울**

　4년에 한 번씩 전 세계를 열광의 도가니로 몰아넣는 올림픽에서 가장 관심 있는 것 중 하나가 성화이다. 성화는 대회가 열리기 전부터 전 세계를 돌면서 올림픽 분위기를 띄운다. 이런 차원에서 올림픽 이외에도 아시안게임이나, 전국체전과 같은 대규모의 스포츠 행사에는 반드시 성화가 등장한다.

　지난 2002년 부산아시안게임에 사용된 성화는 한라산과 백두산을 포함한 아시아 각국에서 채화되었는데, 다른 어떤 것이 아닌 바로 거울을 이용해서 불을 만들었다. '거울을 이용해서 불을 만든다고?' 라면서 고개를 갸우뚱하는 사람들도 있겠지만, 이는 예전부터 내려오던 방법이었다.

| 볼록거울과 오목거울 |
볼록거울에 반사된 후 빛은 퍼지기 때문에 시야를 넓게 만들어주고, 오목거울은 빛을 모아주기 때문에 확대된 상을 만들 수 있다.

101

"자자, 별빛으로 구운 별나라 통닭입니다! 별나라 오징어 구이도 있어요!!"

지레를 발명하고 '유레카'로 유명한 아르키메데스는 오목 거울에 관한 이야기로도 유명하다. 아르키메데스는 침략해온 로마군을 격퇴하기 위해 여러 가지 군사무기를 만들었는데, 그중 하나가 오목거울이었다. 그는 병사들의 방패를 거울처럼 반짝이게 하여 활의 모양과 같이 배치하여 태양빛을 모아서 로마군의 배를 태워버렸고, 이에 로마의 장군은 아르키메데스를 '100개의 눈을 가진 거인 브리아레오스(Briareos)'라고 부르기도 하였다.

오목거울은 빛을 모으는 특성이 있는데, 이처럼 평면거울이 아닌 곡면으로 되어 있는 거울도 우리 생활 주변에서 쉽게 발견할 수 있다.

평면이 아닌 곡면으로 되어 있는 거울은 볼록거울과 오목거울이 있다. 이 두 거울을 동시에 볼 수 있는 곳이 자동차인데, 일반 자동차의 좌우측에 달려 있는 거울을 잘 살펴보면 왼쪽에 있는 거울은 평면거울인데 반하여, 오른쪽에 있는 거울은 볼록거울로 되어 있다. 볼록거울로 되어 있는 거울은 시야가 넓기 때문에 좀더 넓은 곳을 볼 수 있다. 그렇지만 볼록거울로 보면 시야가 넓어지는 대신 작게 보이기 때문에 실제보다 더 멀리 떨어진 것처럼 보인다.

반대로 오목거울로 보면 상이 더 커보인다. 그래서 화장을 할 때 사용하는 손거울은 오목거울로 되어 있는 것도 있다. 또 돋보기를 이용해서 종이를 태울 수 있는 것처럼 오목거울로도 빛을 모아서 종이를 태울 수 있다. 그것이 앞에서 본 성화채화의 원리이다. 예전에 어느 방송국의 과학 관련 프로그램에서는 커다란 솥뚜껑에 반사판

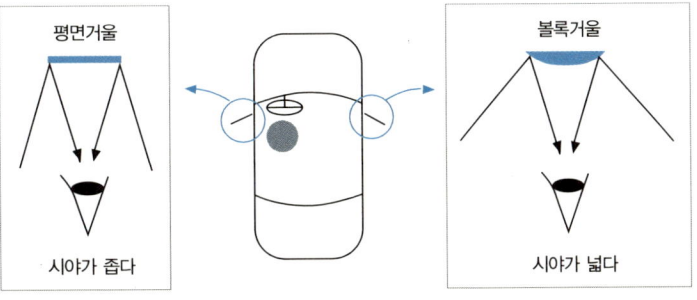

을 붙여서 큰 오목거울을 만들어 소시지를 구워먹기까지 하였다. 오목거울을 이용하면 볼록렌즈보다 가볍게 하면서도 빛을 모을 수 있어 반사 망원경을 만들 수 있다. 역학의 대가로 알려진 뉴턴은 오목거울을 이용한 망원경을 최초로 제작하여 사용한 것으로도 유명하다.

Physics

26 물 속에 들어가면 다리가 짧아 보이는 까닭은? 빛의 굴절

조선시대 유명한 실학자인 정약용이 쓴 글에는 '완부청설(碗浮靑設)'이라는 말이 있다. 이것은 '대야에 있는 푸른 표지가 떠오르는 것에 대하여'라는 뜻으로 대야 한가운데에 푸른 표지를 한 다음, 그것이 보이지 않을 만큼 뒤로 물러선 후 다른 사람을 시켜서 대아에 물을 부으면 푸른 표지가 보인다는 말이다.

이것은 정약용이 물에서 빛이 굴절한다는 것을 알고 있었다는 것을 보여준다. 이번에는 빛이 굴절한다는 사실에 대해서 알아보고자 한다.

| **빛의 굴절** |

빛이 다른 물질로 지날 때 두 물질의 경계면에서 빛의 진행 방향이 바뀌는 현상

물 속에 담근 젓가락은 휘어져 보이고, 목욕탕에 들어가 서 있으면 다리가 짧아 보인다. 이런 모든 현상들은 왜 일어날까? 우리는 앞에

105

서 빛이 물체에 닿으면 그 물체는 빛을 반사시킨다는 이야기를 통해 반사의 법칙을 배웠다. 그런데 어떤 물질은 빛을 반사시키는 것과 동시에 빛을 통과시키곤 한다. 이렇게 빛이 성질이 다른 물질을 통과하게 될 때에는 진행방향이 바뀌는데, 우리는 이것을 빛이 굴절한다고 말한다.

우리가 빛이 굴절하는 것을 가장 잘 볼 수 있는 것이 바로 물과 유리이다. 앞에서 말한 것처럼 물 속에 있는 젓가락이나 다리가 공기에서와 다르게 보이는 것은 공기와 물이 성질이 달라 빛이 휘어지기 때문이다. 또 빛이 공기 중에서 유리를 통과할 때도 휘어지는데 이를 이용한 것이 바로 돋보기이다.

그럼 빛은 왜 성질이 다른 물질을 지날 때 휘어질까? 여러 가지로 설명할 수 있지만 가장 쉽게 이해할 수 있는 것이 매질에 따라서 빛의 속도가 다르기 때문에 휘어진다는 설명이 가장 이해하기 쉽다.

예를 들어 바닷가의 해양구조원을 생각해보자. 이 구조원은 수영을 아주 잘하기는 하지만, 땅에서 뛰는 것이 물속에서 수영하는 것보다 더 빠르다. 그렇다면 물속에 빠진 사람을 구조하기 위해서는 어떤 경로로 가는 것이 가장 빠를까?

사람을 향해 직선으로 구조하러 가는 것이 가장 빠를 것 같지만, 실제로는 빨리 달릴 수 있는 땅에서 더 많이 이동을 하는 것이 사람을 구조하는 데 더 짧은 시간이 소요된다.

17세기에 수학자 페르마는 이러한 '최소시간의 원리'를 이용해서

성질이 다른 매질 속에서 빛이 어떻게 휘어지는지에 대해 정확하게 계산을 했다. 하지만 이보다도 더 먼저 굴절이 일어날 때 어떻게 이루어지는지에 대해서 밝힌 사람은 덴마크의 천문학자인 스넬이었다. 비록 그는 굴절법칙을 발견하고도 발표하지는 않아 현재 기록이 남아 있는 것은 데카르트가 쓴 『굴절광학』이라는 책에서 처음 찾을 수 있다. 하지만 오늘날 그의 공을 인정하여 굴절 현상에 대한 법칙을 스넬의 법칙이라고 부른다.

Physics

눈에서의 굴절 　라식수술을 하면 왜 시력이 좋아질까?

27

옛 속담에 '몸이 천 냥이면 눈은 구백 냥'이라는 말이 있다. 이는 눈이 우리에게 얼마나 중요한지를 일깨우는 말로 그만큼 눈을 소중하게 다루어야 한다는 것을 강조했다. 우리는 생물 시간에 눈의 구조를 배우면서 눈 속에 있는 수정체에서 빛이 굴절하여 망막에 상을 맺는다는 말을 배웠다. 그렇다. 우리 눈에 있는 수정체는 렌즈와 같은 역할을 하여 빛을 모은다.

　그런데 사람에 따라서 눈에 이상이 생기는 경우가 많이 있다. 특히 청소년기에 많이 일어나는 것이 근시안인데, 최근에는 이러한 것을 해결하는 방법으로 라식 수술을 많이 이용한다. 라식 수술은 어떻게 사람의 시력을 회복시킬 수 있을까? 수정체에서 빛이 굴절하는 것이라고 했는데, 그렇다면 과연 시력을 회복시키기 위해서 눈 속에 들어 있는 수정체를 깎아내는 것이 라식수술인가?

| 눈에서의 빛의 굴절 |

빛이 눈에 들어올 때는 굴절이 여러 번 일어난다. 굴절되는 정도를 조정하

는 것이 수정체이지만, 가장 많이 굴절되는 곳은 각막이다.

눈에서 빛이 지나가는 경로만을 순서대로 표현하면 '공기-각막-수정체-유리체-망막'이다. 물론 정확하게 이야기하면 좀더 복잡하지만, 대략 4번의 굴절이 일어나 망막에 상을 맺게 된다. 굴절은 성질이 다른 매질로 빛이 진행할 때 일어나는데, 굴절률의 차이가 클수록 더 많이 굴절이 일어난다. 그러므로 굴절이 어떻게 일어나는가를 알기 위해서는 빛이 지나가는 각 부분들의 굴절률을 알아야 한다.

공기의 굴절률은 대략 1이다. 하지만 각막은 1.376, 유리체는 1.336정도이다. 수정체는 1.386부터 1.407까지의 다양한 층으로 만들어져 있다. 그렇다면 눈에 들어온 빛은 어떻게 굴절이 될까? 수정체를 하나의 물질이라고 생각하면, 성질이 다른 면을 대략 4번 정도 지나기 때문에 4번의 굴절이 일어나는데, 그 중에서 가장 큰 굴절을 일으키는 부분이 바로 굴절률의 차이가 가장 큰 부분인 공기와 각막의 경계부분이 된다.

따라서 각막의 두께나 휘어진 정도를 조절하면 빛이 굴절하는 정도를 쉽게 조절할 수 있다. 결국 라식 수술은 이러한 눈에서의 굴절을 잘 이용한 과학적인 방법이다.

그렇지만 일반적으로는 안경이나 렌즈로 보정을 한다. 학교에도 안경을 쓰는 친구들이 많이 있는데, 대부분 근시이다. 근시는 상이 망막의 앞쪽에 맺혀 생기는 것으로 오목렌즈로 만들어진 안경을 쓴

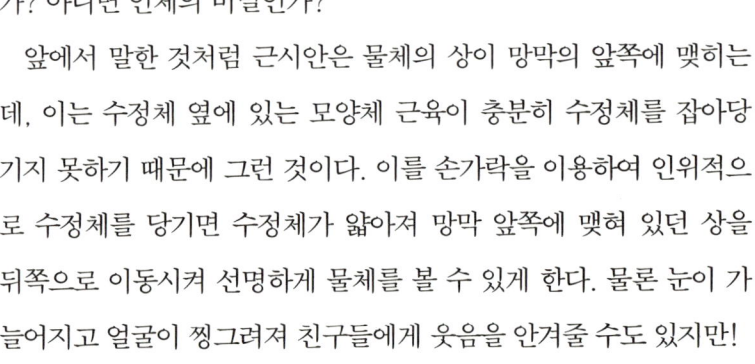

"이런, 난 눈이 좀 부어야 잘 보인다는 얘길 안 했던가?"

다. 그렇지만 가끔 학교에서 장난을 하다가 안경이 깨지는 경우가 있다. 이때 칠판에 있는 글씨를 보기 위해서 친구들의 안경을 빌려서 서로 번갈아 쓰곤 하는데, 한 가지 재미있는 방법이 있다. 바로 양 손가락을 눈 옆쪽에 대고 잡아당기면서 보면 칠판에 있는 글씨가 순간 또렷하게 보인다는 것이다. 어떻게 이것이 가능할까? 마술인가? 아니면 인체의 비밀인가?

앞에서 말한 것처럼 근시안은 물체의 상이 망막의 앞쪽에 맺히는데, 이는 수정체 옆에 있는 모양체 근육이 충분히 수정체를 잡아당기지 못하기 때문에 그런 것이다. 이를 손가락을 이용하여 인위적으로 수정체를 당기면 수정체가 얇아져 망막 앞쪽에 맺혀 있던 상을 뒤쪽으로 이동시켜 선명하게 물체를 볼 수 있게 한다. 물론 눈이 가늘어지고 얼굴이 찡그려져 친구들에게 웃음을 안겨줄 수도 있지만!

Physics

28

길따라 이동하는 빛을 만들자 **전반사**

21세기는 정보화 사회라고 말한다. 정보화 사회에서는 무엇보다도 더 빠르고 정확하게 정보를 전달하는 기술이 최우선되고 있다. 오늘날 우리가 많이 사용하는 전화, 휴대폰, 초고속 통신들이 대표라고 할 수 있고, 특히 광통신은 정보화 사회의 대동맥 구실을 할 만큼 놀라운 속도로 발전하고 있다.

광통신은 말 그대로 빛을 이용한 통신이다. 그런데 앞에서 말한 바와 같이 빛은 퍼져나가기 때문에 통신에 사용하기 어렵고 그나마 가능한 것이 레이저라고 했으니, 우리가 살고 있는 이 세상에는 온갖 종류의 레이저로 가득 차 있다는 말인가?

설마 그런 세상이 우리가 바라는 정보화 사회는 아닐 것이다. 그렇다면 과연 어떤 방법으로 멀리 떨어진 곳까지 빛을 보낼 수 있을까? 이것이 어떻게 가능할지 그 방법을 생각해보자.

| 전반사 |

굴절률이 큰 물질에서 굴절률이 작은 물질로 빛이 들어갈 때, 어떤 각도

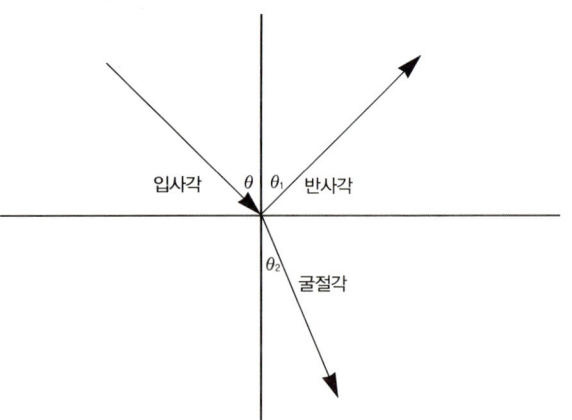

이상에서 빛이 굴절하지 않고 모두 반사되는 현상

빛이 성질이 다른 매질로 들어가면 그 경계면에서 일부는 반사하고 나머지 일부는 진행방향이 바뀌어 진행한다고 했다. 이때 굴절되어 휘어지는 정도를 나타내는 물질의 성질을 굴절률이라고 하는데, 빛이 굴절할 때 굴절률이 큰 쪽이 각도가 작게 휘어진다.

만약 굴절률이 큰 쪽에서 굴절률이 작은 쪽으로 빛이 진행한다고 생각해보자. 이런 경우에는 그림처럼 입사각보다 굴절각이 더 크게 된다. 이때 입사각을 점점 더 크게 하면 당연히 굴절각도 점점 더 커지는데, 어떤 순간이 되면 굴절각이 90°가 된다. 이 각도보다 입사각이 커지면 이제는 굴절되지 않고 모두 반사만 하는데, 이런 현상을 '완전히 반사를 한다'는 의미의 '전반사'라고 한다.

앞에서 말한 광통신이 이런 전반사의 원리를 이용한 것이다. 그리고 실제로 빛이 지나가는 통로에 해당하는 것이 바로 광섬유다. 그렇다면 광섬유는 어떤 원리로 빛을 원하는 곳까지 전달시킬 수 있을까? 광섬유는 굴절률이 다른 두 개의 얇은 유리로 된 섬유로 구성되어 있다. 이때 안쪽 유리섬유가 바깥쪽 유리섬유보다 더 굴절률이 크기 때문에, 안쪽 유리섬유에 레이저 광선을 쏘아 보내면 광섬유 내부에서 전반사하여 바깥으로 새어 나가지 않고 진행하게 된다.

광섬유는 병원에서도 볼 수 있는데, 바로 내시경이다. 내시경은 광섬유를 우리 몸 안에 넣어 몸 속의 상태를 볼 수 있도록 만든 장치이다.

Physics

빛의 분산 쌍무지개는 어떻게 가능할까?

29

여름이 되면 하루에도 여러 번 소나기가 내리곤 한다. 소나기가 그친 후의 세상은 시원하고 깨끗하여 기분까지 가뿐해진다. 그런데 비가 그친 후 하늘에는 더없이 반가운 손님이 찾아오는 경우가 있는데, 바로 '빨주노초파남보' 7가지 빛깔로 세상을 수놓는 무지개이다. 무지개는 예로부터 많은 이야기를 담고 있는데, 이 무지개가 바로 자연의 빛이 만드는 재미있는 물리현상이다. 바로 빛의 분산이다.

| 분산 |

빛이 굴절하여 여러 가지 색으로 나누어지는 현상

태양빛은 무슨 색깔일까? 하얀색이라고도 하고, 노란색이라고도 하고, 색이 없다고도 말한다. 프리즘을 눈에 대고 세상을 보면 세상이 무지갯빛으로 보인다. 또 문틈으로 들어온 햇살에 프리즘을 대면 무지갯빛으로 퍼져가는 것을 볼 수 있다. 이를 통해서 우리는 햇빛 속에는 여러 가지 색깔로 된 빛들이 합쳐져 있다는 것을 알 수 있다.

114

그렇다면 왜 햇빛이 프리즘을 통과하면 무지갯빛으로 나누어질까? 바로 빛의 색깔마다 굴절하는 정도가 다르기 때문이다. 빨간색의 빛보다 푸른색의 빛이 더 많이 꺾이기 때문에 프리즘을 통과하면 빨주노초파남보의 무지갯빛이 나타난다. 이와 같이 빛이 굴절할 때 색깔마다 다른 각도로 꺾이는 현상을 분산이라고 한다.

무지개는 빛의 분산이 가장 잘 나타나는 자연현상이다. 알다시피 무지개는 비가 온 다음에 볼 수 있는데, 그 이유는 바로 물방울이 분산을 만드는 실체가 되기 때문이다. 우리가 맑은 날 태양을 등지고 분무기로 물을 뿌려도, 또 분수대나 폭포에서 무지개를 볼 수 있는 것은 모두 물방울과 관련이 있다.

물방울에 의해 무지개가 어떻게 만들어지는지는 작은 물방울 속에서 무슨 일이 일어나는지를 생각해보면 된다. 물방울 하나에 빛이 들어갈 때 굴절된 빛은 바로 공기 중으로 빠져나가기도 하지만, 일부는 물방울 내부에서 반사한 후 공기 중으로 빠져나오게 된다. 이런 경우 태양빛은 두 번의 굴절을 하기 때문에 햇빛은 각 색마다 다른 각도로 휘어진다. 이때 빨간빛은 약 $42°$의 각도로 보랏빛은 약 $40°$의 각도를 이루어 지상에서 보면 커다란 반원의 띠를 나타낸다. 매우 드문 경우이기는 하지만, 비행기를 타고 하늘 위로 올라가면 동그란 형태의 무지개도 볼 수 있다.

이렇게 아름다운 무지개를 잘 살펴보면 흐리기는 하지만 무지개

바깥쪽으로 또 하나의 무지개가 있는 것을 발견할 수 있다. 무지개가 내부에서 반사를 한 번 한 후 나온 빛에 의해서 만들어졌다고 했는데, 아래 그림과 같이 내부에서 반사된 빛이 다시 한번 더 반사를 한 후 공기 중으로 나올 수도 있다. 이런 경우를 쌍무지개라고 부르는데, 재미있는 것은 2차 무지개의 색깔 순서가 1차 무지개와는 다르게 밖에서부터 '보남파초노주빨' 순서이다.

만화영화를 보면 무지개를 타고 가는 것을 볼 수 있다. 이처럼 무지개를 향해서 가면 무지개를 만져볼 수 있을까? 안타깝게도 이것은 불가능하다. 우리가 무지개를 따라가면 무지개도 함께 움직인다. 결국 우리는 무지개에 가까이 갈 수 없다. 그래서 우리가 아무리 노력해도 얻을 수 없다는 뜻으로 '무지개 끝에 있는 금항아리를 찾아가는' 이라는 표현을 사용한다.

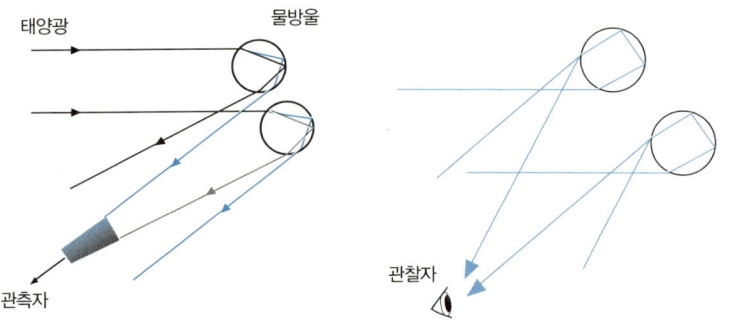

Physics

30

물감을 더하면 어두워지고 빛은 더하면 밝아진다 **빛의 합성**

아기에게 여러 가지 물감을 주면 하나씩 그림을 그리지 않고 그 많은 색들을 다 합쳐 쓰면서 즐거워하곤 한다. 그런데 이상하게도 물감은 합칠수록 더 색이 어두워지면서 검은색에 가깝게 변한다.

뉴턴은 프리즘을 이용해서 문틈으로 들어온 작은 햇살을 무지갯빛으로 분리했다. 그런데 이렇게 퍼져나간 빛들은 모두 합치면 어떻게 될까? 물감처럼 검은 색이 될까? 아니면 분산되기 전의 햇살과 같은 햇살이 될까? 이곳에서 우리는 이러한 모든 현상들에 대한 답을 찾아볼 것이다.

| **빛의 합성** |

빛을 서로 합치는 것을 빛의 합성이라고 하며, 빨간색, 초록색, 파란색의 세 가지 색깔의 빛을 모두 합치면 흰색이 된다.

빛의 합성에 대해 이야기하기 전에 먼저 색깔이 무엇인지에 대해 이야기해보자. 빛은 여러 가지 색깔을 가지고 있는데, 이는 빛이 가지

117

고 있는 기본적인 성질인 파장(또는 진동수)에 따라서 다른 색을 띠게 된다.

그렇다면 사람은 어떻게 색깔을 인식할까? 그것은 눈의 망막 속에 있는 색을 감지하는 세포인 원추세포에 의해서 이루어진다. 원추세포는 세 가지 종류가 있어 각각 빨간색, 초록색, 파란색 영역의 빛을 강하게 인식한다. 그래서 두 종류 이상이 동시에 반응하여 이 조합으로서 뇌에서 합성된 색으로 인식하는 것이다. 실제로 빨간색, 녹색, 파란색의 빛을 적절히 조합하면 모든 색을 만들 수 있는데, 가장 대표적인 것이 텔레비전이다. 텔레비전에는 빨간색, 녹색, 파란색을 낼 수 있는 작은 형광물질이 발라져 있는데, 전자빔에 의해서 에너지를 받으면 색을 나타낸다. 이 세 가지 형광체가 모두 발광을 하는 경우에는 뇌에서 흰색으로 인식하고, 빨간색과 녹색만 발광되는 경우에는 노란색으로 인식한다. 실제로 텔레비전이나 컴퓨터의 모니터를 돋보기로 확대해서 보면 그림처럼 세 가지 색으로 구성되어 있는 것을 확인할 수 있다.

흰 종이에 빨간 조명과 녹색 조명을 동시에 비추면 각각의 색은 동시에 반사되어 우리 눈의 빨간색을 인지하는 원추세포와 녹색을 인지하는 원추세포가 동시에 작용한다. 이처럼 여러 가지 색의 빛을 합치면 눈에 들어오는 빛의 양이 많아지기 때문에, 더한다는 뜻의 '가(加)'를 사용하여 '가(加)산혼합'이라고 부른다. 그리고 빨간색, 녹색, 파란색을 빛의 삼원색이라고 부르는데, 이 세 가지 색의 빛을

적절히 조절하면 어떠한 색이라도 만들어낼 수 있다. 예로 빨간색과 녹색을 합하면 노란색, 빨간색과 파란색을 합하면 자홍색(magenta), 녹색과 파란색을 합하면 청록색(cyan)이 만들어진다.

그렇다면 물감의 합성은 어떠한가? 빨간색 물감은 다른 모든 색의 빛은 흡수하고 빨간색만 반사하기 때문에 우리는 빨갛게 보는 것이다. 그럼 두 가지 색의 물감을 합하는 경우에는 어떻게 될까? 이때는 흡수하는 것이 많아지기 때문에 결국 합쳐졌을 때의 색은 원래보다 더 어두운 빛을 띨 것이다. 따라서 우리는 물감의 합성을 뺀다는 의미의 '감(減)산혼합'이라고 부른다.

색의 삼원색은 초등학교 때 빨간색, 노란색, 파란색이라고 배운 사람들도 있지만, 실제로는 청록색, 자홍색, 노란색이다. 그런데 옛날에 이런 색의 물감을 구하는 것은 상당히 어려웠기 때문에 구하기 쉬운 색인 빨간색, 노란색, 파란색 물감을 이용해서 색의 삼원색으로 삼았다고 한다.